TURING 图灵数学经典 · 06

伊藤清

確率論の基礎 新版

概率论

修订版

[日] 伊藤清 —— 著

闫理坦 —— 译

U0234078

人民邮电出版社

北 京

图书在版编目(CIP)数据

伊藤清概率论 /（日）伊藤清著；闫理坦译. — 2
版（修订本）.—北京：人民邮电出版社，2021. 1
(图灵数学经典)
ISBN 978-7-115-55562-5

Ⅰ.①伊··· Ⅱ.①伊··· ②闫··· Ⅲ.①概率论 Ⅳ.
①O21

中国版本图书馆 CIP 数据核字(2020)第 249262 号

内 容 提 要

本书为日本数学家伊藤清创作的现代概率论著作。书中以最小限度的预备知识为前提，以简练的笔法系统讲解了测度论基础，以及现代概率论的基础体系与概念，为引导读者理解"随机过程"，特别是 Markov 过程做了细致准备。此外，本书还展示了"伊藤引理"的构想原点，收录了概率论发展的历史过程。对于背景知识较为薄弱的读者，作者则从各章的主要脉络上，为其准备了一条了解现代概率论轮廓的轻快之路。

本书适合相关专业的本科生、研究生和教师阅读学习，也适合作为数学、物理、金融等领域的研究者的参考资料。

◆ 著 ［日］伊藤清
译 闫理坦
责任编辑 武晓宇
责任印制 周昇亮
◆ 人民邮电出版社出版发行 北京市丰台区成寿寺路 11 号
邮编 100164 电子邮件 315@ptpress.com.cn
网址 https://www.ptpress.com.cn
北京捷迅佳彩印刷有限公司印刷
◆ 开本：700×1000 1/16
印张：9.75 2021 年 1 月第 2 版
字数：131 千字 2025 年 4 月北京第 17 次印刷
著作权合同登记号 图字：01-2020-1752 号

定价：59.00 元
读者服务热线：(010)84084456-6009 印装质量热线：(010) 81055316
反盗版热线：(010)81055315

版 权 声 明

新　版　序

　　我在 60 年前撰写的《概率论基础》一书，偶遇机缘，得以以现代通俗易懂的表达方式再版，并同样由岩波书店发行. 作为一个目睹了该领域巨大发展的数学家，又作为一个在此发展过程中略有小成的人，我不敢轻言前一版带来了多大的意义.

　　前一版还是 20 世纪四五十年代的印刷装订风格。依照前一版学习概率分析，之后又与我一同推动其发展的各位，提出了对本书的再版建议，我深感幸福. 特别是池田信行先生和渡边信三先生，二位担任了新版的修正工作. 同时，新版的出版也承蒙岩波书店吉田宇一先生的悉心照顾，在此表示由衷的谢意.

　　新版反映了近年来读者对概率论的广泛关注，若能对各位略有帮助，我将备感欣慰.

伊藤清
2004 年春于京都

初　版　序

　　相比数学的其他分支，概率论的发展极为缓慢，这是由于之前未能找到用数学方式明确表现概率的方法. 尽管如此，集合论、抽象空间论的发展给我们带来了十分鲜明易懂的表达方式，据此也产生了 "概率即是 Lebesgue 测度" 之说. 没有什么比这句话更能说明概率的数学本质了.

　　从这个角度讲，以往没有被明确定义的随机变量和事件等概念首次有了明确的表达. 随机变量指的是可测函数，而事件则表示为可测集合.

　　这种定义在近二三十年才慢慢得到广泛认可，其精确的表达方式应归功于 A. Kolmogorov 先生.

　　本书旨在介绍这种全新意义的概率论的基本知识，以及在这种角度下的具体问题的解决方法.

　　执笔本书之际，弥永昌吉先生为我解惑并给予指导，北川敏男先生和畏友河田敬义先生等给予多处指点. 吉田耕作先生审校时，指出了多处本质性的错误，不胜感激. 另外，承蒙岩波书店的各位，尤其是布川角左卫门先生、黄寿永先生以及精兴社各位的关照，在此一并致以深厚的谢意.

伊藤清

1944 年秋于东京

目　　录

第1章 概率论的基本概念

§1 概率空间的定义

概率空间是用数学观点阐述与研究随机现象的出发点. 在定义概率空间之前, 我们先回顾一些测度论中的有关概念.

抽象空间 集合的别称. 如全体实数的集合构成一个抽象空间, 又如赋予欧氏 (Euclid) 距离的 n 维向量空间也是抽象空间, 本书中将它们分别用 $\mathbb{R}$ 和 $\mathbb{R}^n$ 表示.

完全加法族 如果一个抽象空间的子集类满足下列三个条件, 则称它为该抽象空间的完全加法族 (也称为 σ 代数).

1° 抽象空间本身是其中的一个元. 假设此空间为 Ω, 此子集类为 $\mathscr{F}$, 则

$$\Omega \in \mathscr{F}.$$

2° 属于 $\mathscr{F}$ 的可数无限个集合的并集也属于 $\mathscr{F}$, 即

$$E_1, E_2, E_3, \cdots \in \mathscr{F} \Longrightarrow \bigcup_{k=1}^{\infty} E_k \in \mathscr{F}.$$

3° 属于 $\mathscr{F}$ 的集合的补集也属于 $\mathscr{F}$, 即若 $E \in \mathscr{F}$, 则 $\Omega - E \in \mathscr{F}$.

利用这三个条件, 我们可以推出下列结论.

4° 空集 (今后用 $\varnothing$ 表示) 也属于 $\mathscr{F}$. 事实上, 在 3° 中取 $E = \Omega$ 即可.

5° 如果 $E_1, E_2, E_3, \cdots \in \mathscr{F}$, 则 $\bigcap_{k=1}^{\infty} E_k \in \mathscr{F}$.

由恒等式 $\bigcap\limits_{k=1}^{\infty} E_k = \Omega - \bigcup\limits_{k=1}^{\infty} (\Omega - E_k)$ 以及 2° 和 3° 可得这个结论.

6° 如果 $E_1, E_2 \in \mathscr{F}$，则 $E_1 \cup E_2, E_1 \cap E_2, E_1 - E_2 \in \mathscr{F}$. 这是由于

$$E_1 \cup E_2 = E_1 \cup E_2 \cup \varnothing \cup \varnothing \cup \varnothing \cup \cdots,$$

$$E_1 \cap E_2 = E_1 \cap E_2 \cap \Omega \cap \Omega \cap \Omega \cap \cdots,$$

$$E_1 - E_2 = E_1 \cap (\Omega - E_2).$$

一个抽象空间 Ω 的完全加法族不是唯一的. 其中 $\{\Omega, \varnothing\}$ 是最小的一个，Ω 的所有子集的全体是最大的完全加法族. 如果 Ω 有多个完全加法族，那么它们的交集仍然是 Ω 的完全加法族.

对于 Ω 的一个子集族，包含这个子集族的 Ω 的最小完全加法族存在并且唯一，称其为**由这个子集族生成的完全加法族**. 例如，由 $\mathbb{R}$ 的全体区间构成的族所生成的完全加法族为 Borel 集合族. 再如，端点为有理数的全体区间构成的族也生成 Borel 集合族. $\mathbb{R}$ 上的完全加法族有很多种，但是 Borel 集合族是最有用的一个.

将空间 Ω 与其子集构成的一个完全加法族 $\mathscr{F}$ 结合来考虑时，所产生的序偶 $(\Omega, \mathscr{F})$ 称为可测空间. 然而，当 $\Omega = \mathbb{R}$ 时，通常取 $\mathscr{F}$ 为 $\mathbb{R}$ 的 Borel 集合族 $\mathscr{B}$，并且在多数场合下将 $(\mathbb{R}, \mathscr{B})$ 简单地写成 $\mathbb{R}$. 对于空间 $\mathbb{R}^n$，同样将 n 维可测空间 $(\mathbb{R}^n, \mathscr{B}^n)$ 也简单地写成 $\mathbb{R}^n$. 此外，当 Ω 为可分距离空间 D 时，由 D 与 D 的邻域族生成的完全加法族构成的可测空间，也简单地记成 D.

测度　假设 $\mathscr{F}$ 为抽象空间 Ω 的一个完全加法族，m 为 Ω 上的集函数并且满足：

1°　m 的定义域为 $\mathscr{F}$；

2°　对于所有的 $E \in \mathscr{F}$，$m(E) \geqslant 0$；

3°　m 是完全可加的，即对任意两两不相交的集合序列 $\{E_1, E_2, \cdots\} \subset \mathscr{F}$，均有下式成立：

$$m\left(\bigcup_{i=1}^{\infty} E_i\right) = \sum_{i=1}^{\infty} m(E_i).$$

这时, 称 m 为 $(\Omega, \mathscr{F})$ 上的**测度**. 当 $\Omega = \mathbb{R}^n$ 而 $\mathscr{F}$ 为 Borel 集合族 $\mathscr{B}^n$ 时, 称 m 为 $\mathbb{R}^n$ 上的测度 [①]. 序偶 $(\Omega, \mathscr{F}, m)$ 称为测度空间.

现在, 我们来给出概率空间的定义.

定义 1.1 给定抽象空间 Ω 与其上的一个完全加法族 $\mathscr{F}$. 可测空间 $(\Omega, \mathscr{F})$ 上满足

$$P(\Omega) = 1$$

的测度 P, 称为 $(\Omega, \mathscr{F})$ 上的**概率测度**. 对于 $E \in \mathscr{F}$, 称 $P(E)$ 为 E 的**概率**或 E 的 **P-测度**.

将 $\Omega, \mathscr{F}, P$ 一起考虑时, 所产生的序偶 $(\Omega, \mathscr{F}, P)$ 称为**概率空间**.

§2 概率空间的实际意义

针对想理解后面出现的定理含义的读者, 这里有必要对前一节定义的抽象概率空间在实际随机现象研究中的应用加以说明, 仅对推理感兴趣的读者另当别论.

随机现象的研究基本上分为以下三个步骤.

第一步: 试验 如投掷一枚均匀的骰子, 观察出现的点数; 又如从有 6 个黑球和 4 个白球的盒子中任取一个球, 等等.

第二步: 设定标记 为将试验的结果在脑海中清晰地描绘出来, 有必要事先确定结果的精度. 以掷骰子的试验为例, 要确定的是像德川时代 [②]

---

① 关于测度, 请参看高木贞治教授的著作《数学分析概论》的第 9 章.

② 日本德川时代自 1603 年德川家康受任征夷大将军在江户设幕府开始, 至 1867 年第 15 代将军庆喜将政治大权奉还朝廷 (即大政奉还) 为止, 约 265 年, 为继镰仓、室町幕府之后最强盛也是最后的武家政治组织. —— 译者注

的赌徒们所想的那样只是分偶数与奇数, 还是像双六游戏 ① 那样只关注骰子的点数. 为此我们引入标记, 也就是说某一个空间 Ω, 它可以是 $\mathbb{R}$ 或 $\mathbb{R}^n$, 甚至是更一般的抽象空间. 当确定抽象空间后, 将试验的结果与 Ω 中的点对应并将这些点在脑海中描绘出来, 这就是标记. 在前面赌博的场合就是 $\Omega = \{偶, 奇\}$, 在双六游戏的场合则为 $\Omega = \{1, 2, 3, 4, 5, 6\}$.

对标记应该注意的是:

1°   与空间 Ω 的任何点都不对应的现象不会发生;

2°   与空间 Ω 的两个点或更多点对应的现象也不会发生;

3°   空间 Ω 中存在与现象不对应的点也无妨. 例如在双六游戏的场合, $\Omega = \mathbb{R}$ 也可以, 其中 $1, 2, 3, 4, 5, 6$ 以外的点与现象不对应.

这里讲的 Ω 相当于概率空间 $(\Omega, \mathscr{F}, P)$ 中的 Ω.

第三步: 引入概率   若如上面那样考虑, 要确定试验结果发生的可能性的程度就必须引入实际的 Ω 上的概率测度 P. 基本方法有以**等可能性**为基础的, 有以频率为出发点的, 等等, 但是无论哪种, P 均满足前一节所叙述的有关概率测度的条件. 由于我们不清楚是否满足完全可加性, 因此可以先验证**有限可加性**.

如果 E_1 与 E_2 不相交, 则

$$P(E_1 \cup E_2) = P(E_1) + P(E_2),$$

这称为**全概率原理**.

据此, 对于两两互不相交的集合 $\{E_1, E_2, \cdots, E_n\}$, 我们可以推出

$$P(E_1 \cup E_2 \cup \cdots \cup E_n) = P(E_1) + P(E_2) + \cdots + P(E_n).$$

这个等式称为**有限可加性**.

以此类推, 仅依靠形式的推理是不能导出完全可加性的. 将概率的完

---

① 一种掷骰子决定胜负的赌博游戏. —— 译者注

全可加性作为基础来假设，是数学上的理想化模式. 大家渐渐地便能理解这种理想化不是与实际相悖的，反而是与其一致的.

综合以上三个步骤的分析便获得概率空间 $(\Omega, \mathscr{F}, P)$.

§3 概率测度的简单性质

假设 $(\Omega, \mathscr{F}, P)$ 为概率空间. 对于 Ω 的任意子集 E, 定义

$$\bar{P}(E) = \inf\{P(E');\ E' \supset E,\ E' \in \mathscr{F}\},$$

$$\underline{P}(E) = \sup\{P(E');\ E' \subset E,\ E' \in \mathscr{F}\}.$$

如果 $\bar{P}(E) = \underline{P}(E)$，则称集合 E 为 **P-可测的**. P-可测集合的全体 $\mathscr{F}'$ 构成一个完全加法族，并且 $\mathscr{F}' \supset \mathscr{F}$. 对于 P-可测集合 E，将 $\bar{P}(E)$ 或 $\underline{P}(E)$ 再记成 $P(E)$，这也是 $(\Omega, \mathscr{F}')$ 上的概率测度，并且它是 $P(E)$ 的扩张. 由于类似的扩张总是可能的，所以我们约定，今后谈到 $(\Omega, \mathscr{F})$ 上的概率测度 P，总是考虑成如上介绍的扩张.

定义 3.1 点 ω 构成的单点集合，记成 $\{\omega\}$，如果其概率 $P(\{\omega\})$ 是正的，则称 ω 为 P 的不连续点.

推论 不连续点的全体至多是可数的.

定义 3.2 对于不连续点的全体 C，如果 $P(C) = 1$，则称 P 为**纯不连续的概率测度**.

例 假设 $\Omega = \mathbb{R}$, $\mathscr{F}$ 是 $\mathbb{R}$ 的 Borel 集合族. 定义 $\mathscr{F}$ 上的集函数 P 如下：

$$p_k = \mathrm{e}^{-\eta} \frac{\eta^k}{k!}, \quad k = 0, 1, 2, \cdots;$$

$$P(E) = \sum_{k \in E} p_k, \quad E \in \mathscr{F},$$

则 P 为纯不连续的概率测度. 这时, Ω 的任意子集均是 P-可测的. 关联的 P 称为 **Poisson 分布**.

定义 3.3 没有不连续点的概率测度 P 称为**连续的**.

例 假设 Ω 是实数轴 $\mathbb{R}$ 上的区间 $[a,b]$, $\mathscr{F}$ 是属于该区间的 Borel 集合的族. 对于 $E \in \mathscr{F}$, 定义集函数 P 如下:

$$P(E) = \frac{m(E)}{b-a},$$

其中 m 是 Lebesgue 测度, 则 P 为 $(\Omega, \mathscr{F})$ 上的连续概率测度, 关联的 P 称为 $[a,b]$ 上的**均匀分布**.

$(\Omega, \mathscr{F})$ 在完全一般的场合下也可以得出上面的定义. 我们也常遇到 $(\Omega, \mathscr{F})$ 较为特殊且其上事先给定了测度 m 的情况. 例如 Ω 是 n 维欧氏空间 $\mathbb{R}^n$, $\mathscr{F}$ 为其上的 Borel 集合族, m 为其上一个给定的 Lebesgue 测度. 在这种场合下, 将 $(\Omega, \mathscr{F})$ 上的概率测度 P 与 m 结合起来考虑时, 得到下面的定义.

定义 3.4 如果 $m(N) = 0$ 蕴涵 $P(N) = 0$, 则称 P **关于** m **是绝对连续的**, 或称**绝对连续 (m)**, 并在不至于产生误解的条件下简单地称为**绝对连续**.

根据测度论中众所周知的定理可以获得如下定理.

定理 3.1 (Radon-Nikodym 定理) 如果 Ω 可以表示成可数个 m-测度有限的集合的并, 则关于 m 绝对连续的概率测度 P 可以表示成关于测度 m 的积分. 即对任意集合 $E \in \mathscr{F}$, 均有

(1) $P(E) = \displaystyle\int_E f(\omega)m(\mathrm{d}\omega),$

其中 $f(\omega)$ 为定义在 Ω 上关于 m 可积的可测函数, 并且满足

(2) $\displaystyle\int_{\Omega} f(\omega)m(\mathrm{d}\omega) = 1$,

(3) 关于测度 m 几乎处处有 $f(\omega) \geqslant 0$.

反之，由满足上面条件 (2) 与 (3) 的关于 m 可积的函数，按照 (1) 定义的集函数 $P(E)$ 构成一个关于 m 绝对连续的概率测度 P.

此外，满足 (1) 的可测函数 $f(\omega)$ 在 Ω 上关于测度 m 几乎处处唯一，即如果关于 m 可积的可测函数 $f_1(\omega)$ 和 $f_2(\omega)$ 均满足 (1)，则

$$m(E\{\omega\,;\, f_1(\omega) \neq f_2(\omega)\}) = 0.$$

定义 3.5 上面定理中的 $f(\omega)$ 称为绝对连续的概率测度 P(关于 m) 的**概率密度**.

例 1 (均匀分布) 区间 $[a, b]$ 上的均匀分布是绝对连续的，其概率密度 $f(x) = \dfrac{1}{b-a}$, $x \in [a, b]$.

例 2 (Gauss 分布) 当 $\Omega = \mathbb{R}$ 时，容易验证 Ω 上的函数

$$f(\omega) = \frac{1}{\sqrt{2\pi}\sigma}\mathrm{e}^{-\frac{1}{2\sigma^2}(\omega-m)^2} \qquad (\sigma > 0, m \in \mathbb{R})$$

满足上面的条件 (2) 和 (3). 称以 $f(\omega)$ 为概率密度的概率测度为 $\mathbb{R}$ 上的 Gauss 分布.

例 3 ($\mathbb{R}^n$ 上的 Gauss 分布) 定义 $\mathbb{R}^n$ 上的实值函数 $f(\xi_1, \xi_2, \cdots, \xi_n)$ 如下：

$$f(\xi_1, \xi_2, \cdots, \xi_n) = \frac{\sqrt{\Delta}}{\pi^{n/2}} \exp\left\{ -\sum_{i,j} a_{ij}(\xi_i - m_i)(\xi_j - m_j) \right\},$$

其中 a_{ij}, m_i 以及 $j = 1, 2, \cdots, n$ 均为实数，Δ 为行列式 $|a_{ij}|$ 并且 $\displaystyle\sum_{i,j} a_{ij}(\xi_i - m_i)(\xi_j - m_j)$ 是对称正定二次型.

则 $f(\xi_1, \xi_2, \cdots, \xi_n) > 0$ 并且在 $\mathbb{R}^n$ 上可测. 下面证明

$$\int_{-\infty}^{\infty} \int_{-\infty}^{\infty} \cdots \int_{-\infty}^{\infty} f(\xi_1, \xi_2, \cdots, \xi_n) \mathrm{d}\xi_1 \mathrm{d}\xi_2 \cdots \mathrm{d}\xi_n = 1.$$

假设矩阵 $(a_{ij})_{n \times n}$ 的特征根为 $\lambda_1, \lambda_2, \cdots, \lambda_n$，则 $\lambda_i > 0$，$i = 1, 2, \cdots, n$. 向量 $(\xi_1, \xi_2, \cdots, \xi_n)$ 到向量 $(\xi_1', \xi_2', \cdots, \xi_n')$ 的适当正交变换蕴涵

$$\sum_{i=1}^{n} \sum_{j=1}^{n} a_{ij}(\xi_i - m_i)(\xi_j - m_j) = \sum_{i=1}^{n} \lambda_i (\xi_i')^2.$$

另外，正交变换的 Jacobi 行列式的绝对值等于 1，即

$$\mathrm{d}\xi_1 \mathrm{d}\xi_2 \cdots \mathrm{d}\xi_n = \mathrm{d}\xi_1' \mathrm{d}\xi_2' \cdots \mathrm{d}\xi_n'.$$

因此，

$$\int_{-\infty}^{\infty} \int_{-\infty}^{\infty} \cdots \int_{-\infty}^{\infty} f(\xi_1, \xi_2, \cdots, \xi_n) \mathrm{d}\xi_1 \mathrm{d}\xi_2 \cdots \mathrm{d}\xi_n$$

$$= \frac{\sqrt{\Delta}}{\pi^{n/2}} \int_{-\infty}^{\infty} \int_{-\infty}^{\infty} \cdots \int_{-\infty}^{\infty} \exp\left\{ -\sum_{i=1}^{n} \lambda_i (\xi_i')^2 \right\} \mathrm{d}\xi_1' \mathrm{d}\xi_2' \cdots \mathrm{d}\xi_n'$$

$$= \frac{\sqrt{\Delta}}{\pi^{n/2}} \prod_{i=1}^{n} \int_{-\infty}^{\infty} \mathrm{e}^{-\lambda_i (\xi_i')^2} \mathrm{d}\xi_i'$$

$$= \frac{\sqrt{\Delta}}{\pi^{n/2}} \prod_{i=1}^{n} \frac{\sqrt{\pi}}{\sqrt{\lambda_i}} = \frac{\sqrt{\Delta}}{\sqrt{\lambda_1 \lambda_2 \cdots \lambda_n}}.$$

注意 $\lambda_1, \lambda_2, \cdots, \lambda_n$ 为矩阵 $(a_{ij})_{n \times n}$ 的特征根的事实蕴涵

$$\Delta = \lambda_1 \lambda_2 \cdots \lambda_n.$$

从而上面最后一个代数式等于 1.

由此可见，$f(\xi_1, \xi_2, \cdots, \xi_n)$ 满足概率密度的条件. 由此定义的 $\mathbb{R}^n$ 上的概率测度称为 n 维正态分布或 $\mathbb{R}^n$ 上的 **Gauss 分布**.

作为连续概率测度，与绝对连续概率测度相对应的是奇异概率测度.

定义 3.6   假设 m 是连续测度，如果存在 N 使得 $m(N) = 0$，并且 $P(N) = 1$，则称 P 为关于 m 的**奇异概率测度**.

例 将区间 $I = [0,1]$ 三等分，取中间的部分为 I_1. 如果 $x \in I_1$，定义 $g(x) = \dfrac{1}{2}$.

将 $I - I_1$ 的两个长度为 $\dfrac{1}{3}$ 的区间均三等分，将中间的部分分别取为 I_2 与 I_3. 如果 $x \in I_2$，定义 $g(x) = \dfrac{1}{4}$；如果 $x \in I_3$，定义 $g(x) = \dfrac{3}{4}$.

将 $I - I_1 - I_2 - I_3$ 的四个长度为 $\dfrac{1}{9}$ 的区间均三等分，将中间的部分分别取为 I_4, I_5, I_6, I_7. 对 $x \in I_4$，定义 $g(x) = \dfrac{1}{8}$；对 $x \in I_5$，定义 $g(x) = \dfrac{3}{8}$；对 $x \in I_6$，定义 $g(x) = \dfrac{5}{8}$；对 $x \in I_7$，定义 $g(x) = \dfrac{7}{8}$.

这样继续 n 次，可以得到小区间：

$$I_{2^{n-1}}, I_{2^{n-1}+1}, I_{2^{n-1}+2}, \cdots, I_{2^n-1},$$

对于 $x \in I_i$ $(i = 1, 2, \cdots, 2^n)$，定义

$$g(x) = \frac{2(i - 2^{n-1}) + 1}{2^n}.$$

如果这样继续下去，则 $g(x)$ 在 $\bigcup\limits_{i=1}^{\infty} I_i$ 上被定义并且单调非减，又清楚地有

$$|x - y| < \frac{1}{3^n} \Longrightarrow |g(x) - g(y)| < \frac{1}{2^n}.$$

这样 $g(x)$ 在 $\bigcup\limits_{i=1}^{\infty} I_i$ 上是一致连续的. 由于 $\bigcup\limits_{i=1}^{\infty} I_i$ 在 I 上是稠密的，故通过扩张 $g(x)$ 我们可以在 I 上定义一个单调非减的连续函数 $g(x)$.

现在，在 I 上定义概率测度 P 为

$$P(E) = m(g(E)), \qquad I \supset E \in \mathscr{B},$$

这里 m 是 Lebesgue 测度，$g(E)$ 是集合 E 的象. 根据上面的定义可知 $g(I_i)$ $(i = 1, 2, \cdots)$ 是一个单点集合，故 $m(g(I_i)) = 0$，据此

$$P\left(\bigcup_{i=1}^{\infty} I_i\right) = 0.$$

记 $N = I - \bigcup\limits_{i=1}^{\infty} I_i$，则 N 是所谓的 Cantor 集并且 $m(N) = 0$. 然而

$$P(N) = P(I) - P\left(\bigcup_{i=1}^{\infty} I_i\right) = 1 - 0 = 1,$$

故 P 是奇异概率测度.

以上我们定义了纯不连续概率测度、绝对连续概率测度以及奇异概率测度三种特殊的概率测度，根据下面的定理 (这也是测度论中已知的结果)，我们会看到一般的概率测度是由这三种概率测度复合构成的.

定理 3.2 (Lebesgue 分解)　假设 m 为可测空间 $(\Omega, \mathscr{F})$ 上的连续测度，而 Ω 可以表示成可数个 m-测度有限的集合的并集，又 P 为 $(\Omega, \mathscr{F})$ 上的概率测度，则存在一组实数 $\lambda_1, \lambda_2, \lambda_3$ 以及纯不连续概率测度 P_1、关于 m 绝对连续的概率测度 P_2 与奇异概率测度 P_3，使得

$$P = \lambda_1 P_1 + \lambda_2 P_2 + \lambda_3 P_3, \quad \lambda_1 \geqslant 0, \lambda_2 \geqslant 0, \lambda_3 \geqslant 0, \lambda_1 + \lambda_2 + \lambda_3 = 1.$$

这里我们假定所有单点集合均属于 $\mathscr{F}$.

定义 3.7　上面定理中的 P_1, P_2, P_3 分别称为概率测度 P 的**不连续部分**、**绝对连续部分**以及**奇异部分**.

§4　事件，条件，推断

在概率论中经常出现"事件发生的概率""满足某个条件的概率"和"某个推断正确的概率"等描述. 事实上，事件、条件和推断仅是从不同方面观察同一件事情而已. 事件是观察到的作为某一试验结果发生的现象的解释，条件是将事件赋予逻辑特征的解释，推断是对于某一事件发生与否的主张. 那么，应该用什么方法从数学观点表示这些概念呢？由于它们是同一件事，所以这里就对条件加以说明.

正如 §2 所述，对于随机现象的研究，我们引入了概率空间 $(\Omega, \mathscr{F}, P)$. 现在，如果作为标记的 ω $(\omega \in \Omega)$ 发生时条件 C 被满足，则我们称 ω 为

C 的有利点. 反之, 同样的前提条件下条件 C 不满足时, 我们称 ω 为 C 的不利点. 两者均没有时, 我们称 ω 为 C 的中立点. 假设 G, U, N 分别为 C 的有利点的集合、不利点的集合以及中立点的集合, 则 G 是 P-可测的, 并且如果 $P(N) = 0$, 当 U 是 P-可测时, 称 C 在 $(\Omega, \mathscr{F}, P)$ 上**可表现**, 并称集合 G 为 C 在 $(\Omega, \mathscr{F}, P)$ 上的表现.

注 给定 Ω 的两个子集 E_1 和 E_2, 如果 $P((E_1 - E_2) \cup (E_2 - E_1)) = 0$, 则称 E_1 与 E_2 **等价 (P)**, 记成 $E_1 \sim E_2 (P)$. 与测度论中一样, 在概率论中区分 E_1 与 E_2 不仅无益, 而且浪费时间, 所以今后视等价集合为相同. 那么, 上面介绍的集合 $G, G + N$, 以及 G 与 $G + N$ 之间的集合均可以作为 C 的表现.

例 投掷一枚骰子, 当出现 $1, 2, 4, 5$ 点时, 赋予各点对应的数字, 当出现 3 点或 6 点时赋予记号 0, 那么就得到了实数的标记. 考虑对应于这个试验的概率空间, 我们有 Ω 是实数集合 $\mathbb{R}$, $\mathscr{F}$ 是 $\mathbb{R}$ 的 Borel 集合族 $\mathscr{B}$, 概率 P 被如下定义:

$$P(\{0\}) = \frac{2}{6}, \quad P(\{1\}) = P(\{2\}) = P(\{4\}) = P(\{5\}) = \frac{1}{6}.$$

一般地,

$$P(E) = \sum_{k \in E} P(\{k\}).$$

现在, 假设 C 是条件 "出现 3 的倍数", 则上述的 G, U, N 可以表示成

$$G = \{0\}, \qquad U = \{1, 2, 4, 5\}, \qquad N = \mathbb{R} - G - U.$$

由于 $P(N) = 0$, $P(G) = \dfrac{2}{6}$, 则 G 是条件 C 的表现.

假设 C 是条件 "出现偶数点", 则

$$G = \{2, 4\}, \qquad U = \{1, 5\}, \qquad N = \mathbb{R} - G - U.$$

由于 $P(N) = P(\{0\}) = \dfrac{2}{6} > 0$, 则 C 在这个概率空间上不能表现.

条件的表现与 Ω 的子集存在如下对应关系, 这更加方便. 假设 $\bar{C}$ 为条件 C 的表现, 则

1° C 不成立 $\longleftrightarrow$ $\bar{C} = \varnothing$ (根据前面的注, 将空集换成 P-测度为 0 的集合也正确);

2° C 总成立 $\longleftrightarrow$ $\bar{C} = \Omega$ (与前面的相同, 将 Ω 换成 $P(\bar{C}) = 1$ 的集合也正确);

3°   条件 C_1 蕴涵条件 C_2 $\longleftrightarrow$ $\bar{C}_1 \subset \bar{C}_2$;

4°   条件 C_1 等价于条件 C_2 $\longleftrightarrow$ $\bar{C}_1 = \bar{C}_2$;

5°   条件 C_1 或 C_2 $\longleftrightarrow$ $\bar{C}_1 \cup \bar{C}_2$;

6°   条件 C_1 且 C_2 $\longleftrightarrow$ $\bar{C}_1 \cap \bar{C}_2$;

7°   条件 C 的否定 $\longleftrightarrow$ $\Omega - \bar{C}$.

据此, 关于 "条件" 之间的理论关系可以用 Ω 的子集之间的集合对应关系来解释, 这对于概率的计算是非常有益的.

§5   随机变量的定义

定义 5.1   假设 $(\Omega, \mathscr{F}, P)$ 为概率空间, Ω_1 为任意抽象空间, $\mathscr{F}_1$ 为 Ω_1 的子集构成的完全加法族. 定义在 $(\Omega, \mathscr{F}, P)$ 上的 $(\Omega_1, \mathscr{F}_1)$-**随机变量**是 Ω 到 Ω_1 的映射 x_1, 并且满足下面的条件:

对于任意的 $E_1 \in \mathscr{F}_1$, 集合 $x_1^{-1}(E_1)$ 均是 P-可测的.

当映射 x 满足上面的条件时, 称 x 为 **P-可测 ($\mathscr{F}_1$) 的**[①]. 据此, 换言之, $(\Omega, \mathscr{F}, P)$ 上的 $(\Omega_1, \mathscr{F}_1)$-随机变量是 Ω 到 Ω_1 的 P-可测 ($\mathscr{F}_1$) 映射.

例 1   假设 $\Omega = [0, 1]$, $\mathscr{F}$ 是其上的 Borel 集合族, P 是 Ω 上的均匀分布. 又设 $\Omega_1 = \mathbb{R}$, $\mathscr{F}_1$ 是 Borel 集合族 $\mathscr{B}$. 则 $[0, 1]$ 上的 Lebesgue 可测

---

① 我们习惯称为 $\mathscr{F}$-可测 ($\mathscr{F}_1$) 的. —— 译者注

函数 f 是 $(\Omega, \mathscr{F}, P)$ 上的 $(\Omega_1, \mathscr{F}_1)$-随机变量.

例 2 考察投掷一枚均匀的骰子 2 次的试验时, 概率空间 Ω 的点为 (i, j), 其中 $i, j = 1, 2, 3, 4, 5, 6$. 其上的概率测度是空间中各点的概率均为 $\frac{1}{36}$ 的分布. 对于 $\omega = (i, j)$, 假设 $x(\omega) = i$, 则 x 表示第 1 次出现点数的随机变量, 类似地, 第 2 次出现点数由 $y(\omega) = j$ 的随机变量 y 来表示.

那么, 来说明一下随机变量的实际含义. 为此, 将 $(\Omega, \mathscr{F}, P)$ 视为对应某个概率的概率空间. 假设 x_1 满足定义 5.1 的条件, 在标记 ω 实现的情况下, 附加标记 $x_1(\omega)$, 则我们获得一个新的标记并且它是 Ω_1 中的点表示的标记. 如果做判断 "Ω 中的某一点是否发生" 的精确研究, 应该依据这个新的标记 $x_1(\omega)$, 所以在这个含义下, $x_1(\omega)$ 是比原来的标记 ω 较粗的标记. 特别地, 使得 $x(\omega) = \omega$ 的 x 是对应于原来标记的标记, 这个叫作**基本随机变量** (或标准随机变量).

如此看来, $(x_1 \in E_1)$ 表示条件 "标记 x_1 落在 Ω_1 的子集 E_1 中". 这个条件的表现是 Ω 的子集 $x_1^{-1}(E_1)$. 因此, 今后 $(x_1 \in E_1)$ 不仅表示条件 "x_1 属于 E_1", 更表示 $E\{\omega; x_1(\omega) \in E_1\}$, 这样我们约定其为 $x_1^{-1}(E_1)$, 可以避免过于复杂的记号.

定义 5.2 假设 x_1 为 $(\Omega, \mathscr{F}, P)$ 上的 $(\Omega_1, \mathscr{F}_1)$-随机变量, 定义 P_1 为

$$P_1(E_1) = P(x_1 \in E_1), \qquad E_1 \in \mathscr{F}_1,$$

其中 x_1 是 P-可测 ($\mathscr{F}_1$) 的, 则 P_1 是 $(\Omega_1, \mathscr{F}_1)$ 上的概率测度, 称其为 x_1 的**概率分布**, 记成 P_{x_1}. 此时称 x_1 **服从分布** P_1.

结合 $\Omega_1, \mathscr{F}_1, P_1$, 我们可以获得概率空间 $(\Omega_1, \mathscr{F}_1, P_1)$. 前面的 x_1 的实际意义是标记, 但是如果假设构成关于这个标记的概率空间, 该空间就是 $(\Omega_1, \mathscr{F}_1, P_1)$, 它称为 **$x_1$ 作为基本随机变量时的概率空间**. 对于 $(\Omega, \mathscr{F}, P)$ 上的条件 C, 在只与 x_1 有关时, 条件 C 的表现不是用 Ω 的子集 E, 而

是用 Ω_1 的子集 E_1. 这样就可以写出 E, E_1 等，从而可以写出 C.

随机变量的值域 Ω_1 及其子集构成的完全加法族 $\mathscr{F}_1$ 必须确定. 确定 Ω_1 的方法是任意的，一般地，在 Ω_1 的邻域族 U 已定义的情况下，$\mathscr{F}_1$ 取作由 U 决定的完全加法族，即 $\mathscr{F}_1$ 是包含 U 的最小完全加法族，这时把 $(\Omega, \mathscr{F}, P)$ 上的 $(\Omega_1, \mathscr{F}_1)$-随机变量简单地称为 **$\Omega_1$-随机变量**. 例如当 $\Omega_1 = \mathbb{R}$ 时，称为**$\mathbb{R}$-随机变量**或**实值随机变量**，这时 $\mathscr{F}_1$ 为 Borel 集合族.

给定有相同值域 $(\Omega_1, \mathscr{F}_1)$ 的两个随机变量 x_1, x_2，如果 $P(x_1 \neq x_2) = 0$，则称 x_1 与 x_2 **等价** (P)，记成 $x_1 \sim x_2\ (P)$. 根据前一节的注，如将等价集合视为相同集合，那么，在这里忽略等价的随机变量之间的差异也是合理的. 今后，我们在这样的看法下解释一个给定的随机变量. 如果 $x_1 \sim x_2\ (P)$，则对任意的 $E_1 \in \mathscr{F}_1$，

$$(x_1 \in E_1) \sim (x_2 \in E_1)\ (P),\ \text{即}\ x_1^{-1}(E_1) \sim x_2^{-1}(E_1)\ (P).$$

因此我们可以考虑条件 $(x_1 \in E_1)$. 另外，由于 $P(x_1 \in E_1)$，即 P_{x_1}，不会因把 x_1 改成与 x_1 关于 P 等价的 x_2 而改变，所以可以考虑对应的 x_2. 简单的场合不会每次都声明，但是必要的注意还是要的.

注　在概率论中常常用到的概念还有**偶然量**. 这是研究随机现象时出现的量，它因偶然的因素来定值，因此被称为偶然量. 现在，将这个随机现象所对应的概率空间设为 $(\Omega, \mathscr{F}, P)$. 标记 $\omega \in \Omega$ 实现时，如果某偶然量 $\mathscr{X}$ 的取值唯一确定，通过将 ω 与其对应得到映射 $x(\omega)$，当映射 $x(\omega)$ 有上述的 P-可测性时，称 $\mathscr{X}$ 在 $(\Omega, \mathscr{F}, P)$ 上可观察，将 $x(\omega)$ 称为 $\mathscr{X}$ 的表现.

假设 $\mathscr{X}_1, \mathscr{X}_2, \cdots, \mathscr{X}_n$ 为某一个随机现象中取实数值的偶然量，Ω 为 $\mathbb{R}^n$，让 $\omega = (\omega_1, \omega_2, \cdots, \omega_n) \in \mathbb{R}^n$ 满足对应 $\mathscr{X}_1 = \omega_1, \mathscr{X}_2 = \omega_2, \cdots, \mathscr{X}_n = \omega_n$. 在 $\mathbb{R}^n$ 中适当地定义概率测度 P 构造概率空间. 对于 $\omega = (\omega_1, \omega_2, \cdots, \omega_n)$，定义映射

$$x_i(\omega) = \omega_i, \qquad i = 1, 2, \cdots, n,$$

则 x_i 是 $(\mathbb{R}^n, P)$ 上的实值随机变量并且是 $\mathscr{X}_i$ 的表现.

根据以上的说明, 偶然量是个实在的概念, 随机变量是它在数学上的表现. 但这是我为说明方便而进行的区分. 通常, 偶然量也好, 随机变量也好, 它们有时既是实在的概念, 又是数学概念. 本书中以防混淆, 将二者分开讨论.

§6　随机变量的合成与随机变量的函数

如无特别说明, 本节将在一个确定的概率空间 $(\Omega, \mathscr{F}, P)$ 上考虑问题. 假设 x_i 为 Ω 上的 $(\Omega_i, \mathscr{F}_i)$-随机变量, 而 Ω' 为 $\Omega_i\,(i = 1, 2, \cdots)$ 的积空间. 其次任取 $E_i \in \mathscr{F}_i\,(i = 1, 2, \cdots)$, 其中 $E_1, E_2, \cdots$ 中至多仅有有限个事件与 $\Omega_1, \Omega_2, \cdots$ 不同, 这时我们称 $E_1, E_2, \cdots$ 的积集 E' 为 Ω' 的柱集. 设 $\mathscr{F}'$ 为包含 Ω' 的所有柱集的最小 σ 代数. 如果定义从 Ω 到 Ω' 的映射为

$$x'(\omega) = (x_1(\omega), x_2(\omega), \cdots),$$

那么, x' 显然是 Ω 上的 $(\Omega', \mathscr{F}')$-随机变量. 我们称 x' 为 $x_1, x_2, \cdots$ 的合成, 记成

$$(x_1, x_2, \cdots) \quad 或 \quad (x_i; i = 1, 2, \cdots).$$

此外, 如果 $x_i \sim \bar{x}_i\,(P)(i = 1, 2, \cdots)$, 那么 $(x_i; i = 1, 2, \cdots) \sim (\bar{x}_i; i = 1, 2, \cdots)\,(P)$. 事实上, 注意到

$$\{(x_i; i = 1, 2, \cdots) \neq (\bar{x}_i; i = 1, 2, \cdots)\} = \bigcup_{i=1}^{\infty} \{x_i \neq \bar{x}_i\},$$

我们看到该事件为 P-可测的, 并且

$$P\left(\bigcup_{i=1}^{\infty} \{x_i \neq \bar{x}_i\}\right) \leqslant \sum_{i=1}^{\infty} P(\{x_i \neq \bar{x}_i\}) = 0 + 0 + \cdots = 0.$$

假设 x_1, x_2 分别为 $((\Omega, \mathscr{F}, P)$ 上的$)(\Omega_1, \mathscr{F}_1)$-随机变量和$(\Omega_2, \mathscr{F}_2)$-随机变量, 而 P_1 为 x_1 的概率分布. 给定 Ω_1 到 Ω_2 的 P_1-可测 $(\mathscr{F}_2)$ 的映射

f, 如果对于任意的 $\omega \in \Omega$, 等式

$$f(x_1(\omega)) = x_2(\omega)$$

恒成立时, 记成 $x_2 = f(x_1)$, 并称 x_2 是 x_1 的**函数**.

显然, 如果 $x_1 \sim \bar{x}_1 \ (P)$, 那么 $f(x_1) \sim f(\bar{x}_1) \ (P)$. 进一步地, 又由于 $x_1 \sim \bar{x}_1 \ (P)$ 并且 $f \sim f(P_1)$ 时, $f(x_1) \sim f(\bar{x}_1) \ (P)$, 那么我们能将随机变量理解成它的函数. 例如 $x_1, x_2, \cdots$ 中的任何一随机变量是它们与 $(x_i; i = 1, 2, \cdots)$ 合成的函数.

$(\Omega_1, \mathscr{F}_1)$-随机变量 x 的函数 $f(x)$ 是将 x 考虑为基本随机变量时, $(\Omega_1, \mathscr{F}_1, P_x)$ 上的映射 $f(\omega_1)$.

很多随机变量的函数也可以按照下面的方式定义. 首先假设 x_i 为 $(\Omega_i, \mathscr{F}_i)$-随机变量 $(i = 1, 2, \cdots)$, $x_1, x_2, \cdots$ 的合成 $(x_i; i = 1, 2, \cdots)$ 的函数 $f((x_i; i = 1, 2, \cdots))$ 称为 $x_1, x_2, \cdots$ 的函数, 并用 $f(x_1, x_2, \cdots)$ 或 $f(x_i; i = 1, 2, \cdots)$ 来表示.

§7   随机变量序列的收敛性

假设 $(\Omega, \mathscr{F}, P)$ 为概率空间, D 是距离为 ρ 的距离空间. 进一步假定 D 为可分且完备的, 即 D 中存在可数稠密子集 $\{d_i\}$, 并且 D 中的所有基本列 (Cauchy 列) 在 D 中收敛. $\mathcal{B}$ 为由 D 中的邻域系生成的 σ 代数. 如无特别说明, 本节将考虑 $(D, \mathcal{B})$-随机变量.

两个随机变量 x, y 间的距离 $\rho(x, y)$ 为 Ω 上的实值函数, 就是说它是 P-可测的, 我们可以将其看成一个随机变量, 也就是证明 $\{\rho(x, y) < \varepsilon\}$ 是 P-可测的. 首先, 对于 $\rho(x, y) < \varepsilon$, 我们取充分大的自然数 n 使得

$$\rho(x, y) < \frac{n-2}{n}\varepsilon.$$

对于这个 n, 考虑 x 的 $\dfrac{\varepsilon}{n}$-邻域. 子集 $\{d_i\}$ 的稠密性保证该邻域中含有这

个子集中的元素，记为 d_i. 那么

$$\rho(x, d_i) < \frac{\varepsilon}{n},$$

并且

$$\rho(y, d_i) \leqslant \rho(x, d_i) + \rho(x, y) < \frac{\varepsilon}{n} + \frac{n-2}{n}\varepsilon = \frac{n-1}{n}\varepsilon.$$

从而，

(1) $\{\rho(x, y) < \varepsilon\} \subset \bigcup_{i,n} \left\{\rho(x, d_i) < \frac{\varepsilon}{n}\right\} \cap \left\{\rho(y, d_i) < \frac{n-1}{n}\varepsilon\right\}.$

反之，(1) 的左边包含右边的理由为

$$\rho(x, y) \leqslant \rho(x, d_i) + \rho(y, d_i).$$

这样，(1) 的两边相等. x, y 的 P-可测性蕴涵集合

$$\left\{\rho(x, d_i) < \frac{\varepsilon}{n}\right\}, \quad \left\{\rho(y, d_i) < \frac{n-1}{n}\varepsilon\right\}$$

及其交集均是 P-可测的，因此 (1) 的右边是可数个 P-可测集合的并，从而也是 P-可测的，因此集合 $\{\rho(x, y) < \varepsilon\}$ 是 P-可测的.

现在，由于随机变量序列 $\{x_n\}$ 收敛于 x 的范围是集合

(2) $\{x_n\} \to x = \bigcap_{p=1}^{\infty} \bigcup_{n=1}^{\infty} \bigcap_{k>n} \left\{\rho(x_k, x) < \frac{1}{p}\right\},$

并且 $\{\rho(x, y) < \varepsilon\}$ 的可测性蕴涵集合 (2) 是 P-可测的. 那么，当 (2) 的概率 $P(\{x_n\} \to x)$ 等于 1 时，称 $\{x_n\}$ **几乎必然地 (以概率 1) 收敛**于 x, x 称为 $\{x_n\}$ 的**极限变量**. 对于随机变量序列 $\{x_n\}$, 如果它存在两个极限变量，那么这两个变量关于 P 等价.

定理 7.1 随机变量序列 $\{x_n\}$ 以概率 1 收敛的充分必要条件为

(3) $P\left(\lim_{\substack{n \to \infty \\ m \to \infty}} \rho(x_n, x_m) = 0\right) = 1.$

这时称 $\{x_n\}$ 为**收敛变量序列**.

由于证明简单，故省略之.

从把关于 P 等价的随机变量视为相同的立场出发, 几乎必然收敛与通常的收敛也可视为相同. 现在来叙述带有概率意义的收敛.

定义 7.1   给定随机变量序列 $\{x_n\}$ 与随机变量 x, 如果对任意的正数 ε, 有

(4) $\lim\limits_{n\to\infty} P\left(\rho(x_n, x) > \varepsilon\right) = 0$,

那么称 $\{x_n\}$**依概率收敛**于 x, 并称 x 为 $\{x_n\}$ 的**依概率收敛的极限变量**.

依概率收敛的极限变量有两个时, 这两个变量关于 P 等价. 事实上, 如果 x, x' 均是 $\{x_n\}$ 的依概率收敛的极限变量, 那么

$$P(x \neq x') = P(\rho(x, x') > 0) = P\left(\bigcup_{m=1}^{\infty}\left\{\rho(x, x') > \frac{1}{m}\right\}\right)$$
$$= \lim_{m\to\infty} P\left(\rho(x, x') > \frac{1}{m}\right),$$

而

$$P\left(\rho(x, x') > \frac{1}{m}\right) \leqslant P\left(\rho(x_n, x) > \frac{1}{2m}\right) + P\left(\rho(x_n, x') > \frac{1}{2m}\right)$$
$$\longrightarrow 0 \qquad (n \to \infty).$$

这说明 x 与 x' 关于 P 等价.

在一些情况下, 依概率收敛的极限变量不一定存在, 关于这一点我们有下列定理.

定理 7.2   随机变量序列 $\{x_n\}$ 依概率收敛于某一个随机变量的充分必要条件为, 对于任意的正数 ε, 有

(5) $\lim\limits_{n,m\to\infty} P\left(\rho(x_n, x_m) > \varepsilon\right) = 0$.

这时称 $\{x_n\}$ 为依概率收敛的变量序列.

证明   必要性是显然的, 我们来证明充分性. 根据条件 (5), 存在 $N(\varepsilon) > 0$ 使得当 $n, m \geqslant N(\varepsilon)$ 时,

(6) $P\left(\rho(x_n, x_m) > \varepsilon\right) < \varepsilon.$

现在取 $n_k = N\left(\dfrac{1}{2^k}\right)$, 即 $\varepsilon = \dfrac{1}{2^k}$, 则

(7) $P\left(\rho(x_{n_k}, x_{n_{k+1}}) > \dfrac{1}{2^k}\right) < \dfrac{1}{2^k} \qquad (k = 1, 2, \cdots).$

因此,

(8) $P\left(\bigcup\limits_{k=m}^{\infty}\left\{\rho(x_{n_k}, x_{n_{k+1}}) > \dfrac{1}{2^k}\right\}\right) < \dfrac{1}{2^m} + \dfrac{1}{2^{m+1}} + \cdots$

$$= \dfrac{1}{2^{m-1}} \quad (m = 1, 2, \cdots).$$

可是, 如果对所有的 $k\,(k \geqslant m)$ 均有 $\rho(x_{n_k}, x_{n_{k+1}}) \leqslant \dfrac{1}{2^k}$, 那么对于比 m 大的所有的 p 和 $l\,(p < l)$, 有

(9) $\rho(x_{n_p}, x_{n_l}) \leqslant \sum\limits_{k=p}^{l-1} \rho(x_{n_k}, x_{n_{k+1}})$

$$\leqslant \dfrac{1}{2^m} + \dfrac{1}{2^{m+1}} + \cdots = \dfrac{1}{2^{m-1}}.$$

也就是,

(10) $\bigcap\limits_{k=m}^{\infty}\left\{\rho(x_{n_k}, x_{n_{k+1}}) \leqslant \dfrac{1}{2^k}\right\}$

$$\subset \bigcap\limits_{p,l \geqslant m}\left\{\rho(x_{n_p}, x_{n_l}) \leqslant \dfrac{1}{2^{m-1}}\right\}.$$

对 (10) 的两边取余可以得到

(10′) $\bigcup\limits_{k=m}^{\infty}\left\{\rho(x_{n_k}, x_{n_{k+1}}) > \dfrac{1}{2^k}\right\}$

$$\supset \bigcup\limits_{p,l \geqslant m}\left\{\rho(x_{n_p}, x_{n_l}) > \dfrac{1}{2^{m-1}}\right\}$$

$$= \left\{\sup\limits_{p,l \geqslant m} \rho(x_{n_p}, x_{n_l}) > \dfrac{1}{2^{m-1}}\right\}.$$

据此从 (8) 与 (10′), 可知

$$P\left\{\sup\limits_{p,l \geqslant m} \rho(x_{n_p}, x_{n_l}) > \dfrac{1}{2^{m-1}}\right\} < \dfrac{1}{2^{m-1}}.$$

这样, 对于任意正数 ε, η, 当 m 充分大时,

(11) $P\left\{\sup_{p,l\geqslant m}\rho(x_{n_p},x_{n_l})\geqslant\varepsilon\right\}<\eta.$

当 ε,η 固定且 m 增大时, P 中的集合单调减小, 趋近于

$$\varlimsup_{p,l\to\infty}\left\{\rho(x_{n_p},x_{n_l})\geqslant\varepsilon\right\},$$

并且

$$P\left(\varlimsup_{p,l\to\infty}\left\{\rho(x_{n_p},x_{n_l})\geqslant\varepsilon\right\}\right)<\eta.$$

令 ε 趋近于 0, 则 P 中的集合单调增大, 并且趋近于

$$P\left(\varlimsup_{p,l\to\infty}\rho(x_{n_p},x_{n_l})>0\right)\leqslant\eta.$$

η 的任意性蕴涵上式的左边等于零. 这说明 $\{x_{n_k}(\omega)\}$ 不是基本列的 ω 全体的概率等于零. 所以在关联的集合上适当地定义 $x(\omega)$, 使得 $x(\omega)=\lim_{k\to\infty}x_{n_k}(\omega)$, 那么 x 为所求的极限变量.

首先, 为了说明 x 是 P-可测 $(\mathcal{B})$ 的, 只需证明 $\{\rho(x,d)<\varepsilon\}$ 对于任意的点 $d\in D$ 与任意的正数 ε 是 P-可测的. 类似于 (1) 的证明, 可以得到

(12) $\{\rho(x,d)<\varepsilon\}=\bigcup_{k,p}\bigcap_{q\geqslant p}\left\{\rho(x_{n_q},d)<\dfrac{k-1}{k}\varepsilon\right\}.$

其次, 我们有

(13) $\{\rho(x_{n_m},x)\geqslant\varepsilon\}\subset\left\{\sup_{p,l\geqslant m}\rho(x_{n_p},x_{n_l})\geqslant\varepsilon\right\}.$

据此由 (11), 对于充分大的 m,

(14) $P\left(\rho(x_{n_m},x)\geqslant\varepsilon\right)<\eta.$

但是, (5) 蕴涵, 对于充分大的 m,

$$P\left(\rho(x_{n_m},x_m)\geqslant\varepsilon\right)<\eta,$$

从而

$$P\left(\rho(x,x_m)\geqslant2\varepsilon\right)<2\eta.$$

这证明 $\{x_m\}$ 依概率收敛于 x. □

值得注意的是, 收敛变量序列必定是依概率收敛的, 但是, 反过来一般是不成立的. 例如, 假设 $(\Omega, \mathscr{F}, P)$ 为实数区间 $[0, 1)$ 及其上的均匀分布构成, $x_{nm}(\omega)$ $(n, m = 1, 2, \cdots)$ 定义如下:

$$\text{当 } \frac{m-1}{n} \leqslant \omega < \frac{m}{n} \text{ 时, } x_{nm}(\omega) = 1,$$

$$\text{当 } 0 \leqslant \omega < \frac{m-1}{n} \text{ 或 } \frac{m}{n} \leqslant \omega < 1 \text{ 时, } x_{nm}(\omega) = 0.$$

则 $x_{11}, x_{21}, x_{22}, x_{31}, x_{32}, x_{33}, \cdots, x_{n1}, x_{n2}, \cdots, x_{nm}, \cdots$ 依概率收敛于零, 但是它对于 Ω 上的所有点均不是收敛的.

然而, 正如定理 7.2 的证明过程中所看到的, 我们有如下定理.

定理 7.3 *依概率收敛的随机变量序列存在收敛的子序列.*

与依概率收敛的拓扑等价并且使用很方便的概念是如下定义的距离.

定义 7.2 假设 x, y 为 $(\Omega, \mathscr{F}, P)$ 上的 D-随机变量, 则

$$d(x, y) = \inf_{\varepsilon > 0} (\varepsilon + P(\rho(x, y) \geqslant \varepsilon)).$$

定理 7.4

(15) $d(x, y) \geqslant 0$, 等号仅在 $x \sim y \, (P)$ 时成立,

(16) $d(x, y) = d(y, x)$,

(17) $d(x, y) + d(y, z) \geqslant d(x, z)$,

(18) D-随机变量的全体关于 d 完备,

(19) $\{x_n\}$ 依概率收敛于 x 的充分必要条件为 $\{x_n\}$ 关于 d 收敛.

证明简单, 省略之.

§8 条件概率、相依性与独立性

定义 8.1 假设 $(\Omega, \mathscr{F}, P)$ 为概率空间, E 为 Ω 的子集, 满足 $P(E) >$

0. E' 为 Ω 的 P-可测子集, 称 $\dfrac{P(E \cap E')}{P(E)}$ 为 **E 发生的条件下 E' 发生的概率**, 记成 $P(E'|E)$.

推论 (概率乘法定理)　$P(E \cap E') = P(E)P(E'|E)$.

定理 8.1(Bayes 定理)　如果 $\Omega = E_1 \cup E_2 \cup \cdots \cup E_n$, 并且 $E_i \cap E_j = \varnothing \ (i \neq j)$, 则

(1) $P(E_i|E) = \dfrac{P(E_i)P(E|E_i)}{\sum\limits_k P(E_k)P(E|E_k)} \qquad (i = 1, 2, \cdots, n)$.

证明　从条件可知,

$$E = (E \cap E_1) \cup (E \cap E_2) \cup \cdots \cup (E \cap E_n),$$

并且 $(E \cap E_i) \cap (E \cap E_j) = \varnothing \ (i \neq j)$, 从而我们得到

$$P(E) = \sum_k P(E \cap E_k) = \sum_k P(E_k)P(E|E_k),$$
$$P(E_i|E)P(E) = P(E_i \cap E) = P(E_i)P(E|E_i), \quad i = 1, 2, \cdots, n.$$

这两个等式蕴涵 (1) 成立. □

$P(E'|E)$ 表示在 E 发生的条件下 E' 发生的概率, 下面我们考虑某个随机变量 x 取某定值 λ 时 E' 的概率. $P(x = \lambda) > 0$ 时, 即 λ 为 x 的分布 P_x 的不连续点时, 定义

(2) $P(E'|x = \lambda) = \dfrac{P(\{x = \lambda\} \cap E')}{P(x = \lambda)}$

是非常自然的考虑方法.

此外, $P(x = \lambda) = 0$ 时, 例如当 x 为实值随机变量时, 我们可以考虑

(3) $P(E'|x = \lambda) = \lim\limits_{\varepsilon \to 0} \dfrac{P(\{\lambda - \varepsilon < x < \lambda + \varepsilon\} \cap E')}{P(\lambda - \varepsilon < x < \lambda + \varepsilon)}$.

现在让我们来考虑下面的任意随机变量.

假设概率空间为 $(\Omega, \mathscr{F}, P)$, x 为可测空间 $(\Omega_1, \mathscr{F}_1)$ 上的随机变量. 把 $P(\{x \in E_1\} \cap E')$ $(E_1 \in \mathscr{F}_1)$ 看成是 E_1 的函数时, 它可以当作 $(\Omega_1, \mathscr{F}_1)$ 上的测度. 如果那样的话,

(4) $P(\{x \in E_1\} \cap E') \leqslant P(x \in E_1) = P_x(E_1)$.

这里 P_x 是 x 的概率分布. 据此, $P(\{x \in E_1\} \cap E')$ 关于 P_x 是绝对连续的, 并且

$$P(\{x \in \Omega_1\} \cap E') \leqslant P_x(\Omega_1) = 1.$$

于是 $P(\{x \in E_1\} \cap E')$ 可由关于 P_x 的积分表示, 也就是在 Ω_1 上存在 P_x-可测函数 $\psi(\omega_1)$, 使得对任意的 $E_1 \in \mathscr{F}_1$

(5) $P(\{x \in E_1\} \cap E') = \displaystyle\int_{E_1} \psi(\omega_1) P_x(\mathrm{d}\omega_1)$.

如果存在两个满足上式的可测函数 ψ_1, ψ_2, 则 $\psi_1 \sim \psi_2$ (P_x).

那么定义

$$\psi(\omega_1) = P(E'|x = \omega_1)$$

即可, 但是尽管这样的函数 $\psi(\omega_1)$ 是确定的, 然而各点的值未必能求出. 在 Ω_1 上 P_x-测度是 0 的集合中, $\psi(\omega_1)$ 无论如何改变都没关系.

那么用 x 代替 $\psi(\omega_1)$ 中的 ω_1, $\psi(x)$ 就成为了一个随机变量的函数. $\psi(x)$ 是一致地被确定的, 我们将其称为当 x 给定时 E' 的条件概率, 记成 $P(E'|x)$.

给定两个随机变量 x, y 时, 经常有 x 的取值是否会影响 y 取值的问题.

定义 8.2　当 $P(\{y \in E_2\}|x)$ 与 x 无关时, 称 y 与 x **独立**; 有关时称 y 与 x 有**相关关系**.

当 y 与 x 独立时, $P(\{y \in E_2\}|x) = C$, 因此

$$P(y \in E_2) = P(\{y \in E_2\} \cap \{x \in \Omega_1\}) = \int_{\Omega_1} C P_x(\mathrm{d}\omega_1) = C.$$

所以

(6) $P(\{y \in E_2 | x\}) = P(y \in E_2)$.

定理 8.2 y 与 x 独立的充分必要条件是对于所有的 $E_1 \in \mathscr{F}_1, E_2 \in \mathscr{F}_2$,

(7) $P(\{x \in E_1\} \cap \{y \in E_2\}) = P(x \in E_1)P(y \in E_2)$.

证明 **1° 必要性.** 从 (5) 与 (6) 可知,

$$P(\{x \in E_1\} \cap \{y \in E_2\})$$
$$= \int_{E_1} P(y \in E_2) P_x(\mathrm{d}\omega_1) = P(y \in E_2)P(x \in E_1).$$

2° 充分性.

$$\int_{E_1} P(y \in E_2 | x) P_x(\mathrm{d}\omega_1) = P(\{x \in E_1\} \cap \{y \in E_2\})$$
$$= P(x \in E_1)P(y \in E_2)$$
$$= \int_{E_1} P(y \in E_2) P_x(\mathrm{d}\omega_1).$$

由 E_1 的任意性可得

$$P(y \in E_2 | x) = P(y \in E_2).$$

这说明 $P(y \in E_2 | x)$ 与 x 无关.   □

这个定理指出, y 与 x 独立蕴涵 x 与 y 独立, 据此我们使用 **x 与 y 相互独立**的说法. 扩张这个定理的条件, 可以定义 n 个随机变量的相互独立性.

定义 8.3 如果

$$P(\{x_1 \in E_1\} \cap \{x_2 \in E_2\} \cap \cdots \cap \{x_n \in E_n\})$$
$$= P(x_1 \in E_1)P(x_2 \in E_2) \cdots P(x_n \in E_n)$$

总成立, 那么称 n 个随机变量 $x_1, x_2, \cdots, x_n$ 为相互独立的.

更进一步地, 无限个随机变量相互独立等价于其中任意有限个随机变量均相互独立.

定理 8.3 如果随机变量 $x_1, x_2, \cdots, x_n$ 是相互独立的, 那么它们的函数 $f_1(x_1), f_2(x_2), f_3(x_3), \cdots, f_n(x_n)$ 也是相互独立的.

证明

$$P\left(\bigcap_k \{f_k(x_k) \in E_k\}\right) = P\left(\bigcap_k \{x_k \in f_k^{-1}(E_k)\}\right)$$

$$= \prod_k P(x_k \in f_k^{-1}(E_k)) = \prod_k P(f_k(x_k) \in E_k). \qquad \square$$

定理 8.4 假设 x, y 为 $(\Omega, \mathscr{F}, P)$ 上的独立随机变量, 其值域分别为 $\mathbb{R}^m, \mathbb{R}^n$. 那么 x, y 的合成 (x, y) 是以 $\mathbb{R}^{m+n}$ 为值域的随机变量, 并且

$$(8) \quad P_{(x,y)}(E) = \int \int_E P_x(\mathrm{d}\lambda) P_y(\mathrm{d}\mu),$$

这里 E 是 $\mathbb{R}^{m+n}$ 上的 Borel 集合.

证明 当 E 是矩形集合时, (8) 是定理8.2 的直接结果. 另外, 由于 (8) 的两边均是 $\mathbb{R}^{m+n}$ 上的概率测度, 所以 (8) 对所有 Borel 集合成立. $\qquad \square$

注 "独立"这个词不仅在概率论中使用, 在实际问题中也经常使用. 例如有 "独立的试验" "独立的观察" 等. 这种意义的独立, 不是试图通过计算概率来确定的, 而是一种直观的说明. 基于人们的判断, 这个直观性的独立能够用上述定义里的独立性概念以数学语言来描述.

§9   均   值

定义 9.1   假设 x 为概率空间 $(\Omega, \mathscr{F}, P)$ 上的 $\mathbb{R}^n$-随机变量. 如果

$$\int_\Omega |x(\omega)| P(\mathrm{d}\omega) < \infty,$$

则称积分 $\displaystyle\int_\Omega x(\omega) P(\mathrm{d}\omega)$ 为 x 的均值, 记成 $m(x)$, $E(x)$ 或 $\bar{x}$. 这时 $|x(\omega)|$ 表示 $x(\omega)$ 在欧氏意义下的模.

在概率论中, 均值同概率一样, 都是基本的概念. 假设 A 是 Ω 的 P-可测子集. 如果 $\omega \in A$ 时随机变量 $x_A(\omega)$ 等于 1, $\omega \in \Omega - A$ 时 $x_A(\omega)$ 等于 0, 那么 $m(x_A) = P(A)$. 这样的方法可以将事件的概率问题转化为随机变量的均值问题. 从定义立即可以得到下面的定理.

定理 9.1

(1) $m(ax) = am(x)$, 这里 a 为常数.

(2) 如果 $\displaystyle\sum_{i=1}^\infty m(|x_i|) < \infty$, 那么 $m\left(\displaystyle\sum_{i=1}^\infty x_i\right) = \displaystyle\sum_{i=1}^\infty m(x_i)$.

(3) 假设 x 为 $(\Omega_1, \mathscr{F}_1)$-随机变量, $f(x)$ 为在 $\mathbb{R}^n$ 上取值的 x 的函数, 则

$$m(f(x)) = \int_{\Omega_1} f(\omega_1) P_x(\mathrm{d}\omega_1).$$

(4) 如果 x 是有界的, 那么 $m(x)$ 存在.

我们也可以定义与条件概率对应的条件均值.

定义 9.2   假设 x 为概率空间 $(\Omega, \mathscr{F}, P)$ 上的 $\mathbb{R}^n$-随机变量. 如果 $P(A) > 0$, 我们称

$$\frac{1}{P(A)} \int_A x(\omega) P(\mathrm{d}\omega)$$

为 x 对 A 的条件均值, 记成 $m(x|A)$.

推论　如果 $\Omega = A_1 \cup A_2 \cup \cdots \cup A_n$，并且 $A_i \cap A_j = \varnothing \ (i \neq j)$，则

(5) $m(x) = \sum\limits_{i=1}^{n} P(A_i) m(x|A_i)$.

假设 y 是定义在 $(\Omega, \mathscr{F}, P)$ 上的 $(\Omega_1, \mathscr{F}_1)$-随机变量，$x$ 为 $\mathbb{R}^n$-随机变量. 现在我们来定义 x 对 y 的均值. 首先，考虑

(6) $f(E) = \displaystyle\int_{\{y \in E\}} x(\omega) P(\mathrm{d}\omega), \quad E \in \mathscr{F}_1$,

这定义了一个 $(\Omega_1, \mathscr{F}_1)$ 上的完全可加的集函数. 由于 $P_y(E) = 0$ 蕴涵 $f(E) = 0$，因此存在 $(\Omega_1, \mathscr{F}_1)$ 上的 P_y-可测的函数 $\varphi(\omega_1)$，使得

(7) $f(E) = \displaystyle\int_E \varphi(\omega_1) P_y(\mathrm{d}\omega_1)$.

另外，$\varphi(\omega_1)$ 在除去 P_y-测度等于 0 的集合上是唯一的，从而有下列定义.

定义 9.3　对于上面得到的 $\varphi(\omega_1)$，用 y 替代 ω_1 所得到的随机变量 $\varphi(y)$ 称为 x 对 y 的条件均值，记成 $m(x|y)$. 据此 (7) 可以写成

(7′) $\displaystyle\int_{\{y \in E\}} x(\omega) P(\mathrm{d}\omega) = \int_{\{y \in E\}} m(x|y) P_y(\mathrm{d}y)$.

推论 1　如果 z 是 y 的函数，那么 $m(m(x|y)|z) = m(x|z)$.

证明　假设 z 是 $(\Omega, \mathscr{F}, P)$ 上的 $(\Omega_2, \mathscr{F}_2, P_z)$-随机变量. 由于 z 是 y 的函数，那么在 y 的值域 $(\Omega_1, \mathscr{F}_1, P_y)$ 上考虑的话，(7′) 式蕴涵

$$\int_{\{z \in E_2\}} m(x|y) P_y(\mathrm{d}y) = \int_{\{z \in E_2\}} m(m(x|y)|z) P_z(\mathrm{d}z).$$

此外，

$$\int_{\{z \in E_2\}} m(x|y) P_y(\mathrm{d}y) = \int_{\{z \in E_2\}} x(\omega) P(\mathrm{d}\omega)$$
$$= \int_{\{z \in E_2\}} m(x|z) P_z(\mathrm{d}z).$$

比较上面两式的右端，可以得到这个推论.　　　　□

类似地，我们也可以得到下面的推论.

推论 2　$m(m(x|y)) = m(x)$.

推论 3　当 z 是 y 的函数时, $m(P(A|y)|z) = P(A|z)$.

推论 4　$m(P(A|y)) = P(A)$.

下面的结果是概率论中最重要的定理之一.

定理 9.2　如果 x, y 是相互独立的有界复值随机变量，则

$$m(xy) = m(x)m(y).$$

由于实值随机变量是复值随机变量的特例，因此本定理对实值随机变量也成立.

证明　假设 C 表示复平面，(x, y) 表示 x, y 的合成. 定理 9.1 的 (3) 给出

$$m(xy) = \int_C \int_C \lambda\mu P_{(x,y)}(\mathrm{d}\lambda \mathrm{d}\mu).$$

据此，由定理 8.4 可知，

$$m(xy) = \int_C \int_C \lambda\mu P_x(\mathrm{d}\lambda) P_y(\mathrm{d}\mu)$$

$$= \int_C \lambda P_x(\mathrm{d}\lambda) \int_C \mu P_y(\mathrm{d}\mu) = m(x)m(y). \qquad \square$$

推论　如果 $x_1, x_2, \cdots, x_n$ 是相互独立的有界复值随机变量，则

$$m(x_1 x_2 \cdots x_n) = m(x_1)m(x_2) \cdots m(x_n).$$

第2章　实值随机变量的概率分布

§10　实值随机变量的表现

实值随机变量在随机变量中是最基本的. 骰子的点数与射击命中的环数等显然都是实值随机变量. 进一步地, 抛硬币观察正反面时, 如果正面出现时记为 1, 反面出现时记为 0, 也可以形成一个实值随机变量. 一般地, 值域为可分完备距离空间 D 的随机变量可用实值随机变量来刻画, 让我们按照 J. L. Doob[2] 的方法证明之. 如已经屡次陈述的那样, D 上的 σ 代数 $\mathscr{F}$ 是由 D 的邻域族 $\mathfrak{A}$ 所生成的, 而 D-随机变量 x 可用实值随机变量 y 来刻画的本质是: 对于属于 $\mathscr{F}$ 的任意集合 E, 使得 $\{x \in E\}$ 与 $\{y \in \mathcal{B}\}$ 等价的实 Borel 集合 $\mathcal{B}$ 存在.

根据 D 的可分性, D 中存在稠密的序列, 设为 $\{d_i\}$. 考虑集类

(1) $\mathfrak{A}' = E\{U(d_i, r); i = 1, 2, \cdots, r$ 是正有理数$\}$.

由于 $\mathfrak{A}'$ 是 $\mathfrak{A}$ 的子类, 由 $\mathfrak{A}'$ 生成的 σ 代数, 即包含 $\mathfrak{A}'$ 的最小 σ 代数设为 $\mathscr{F}'$, 那么 $\mathscr{F}' \subset \mathscr{F}$ 是显然的, 我们进一步证明 $\mathscr{F}' = \mathscr{F}$. 对此, 只需证明 D 中任意点 d 的任意邻域 $U(d, \varepsilon)$ 属于 $\mathscr{F}'$ 即可, 但是由于 $\mathfrak{A}'$ 中元素 (邻域) 是可数的, 因此如能指出 $U(d, \varepsilon)$ 是其所包含的 $\mathfrak{A}'$ 中元素的并集的话, 就足够充分了.

事实上假设 a 是 $U(d, \varepsilon)$ 中的任意点. 取充分大的 n, 使得

(2) $\rho(d, a) < \dfrac{n-3}{n}\varepsilon$.

其次, 存在 $d_i \in \{d_i\}$ 使得

(3) $\rho(d_i, d) < \dfrac{1}{n}\varepsilon$.

据此从 (2) 与 (3) 可知，

(4) $\rho(d_i, a) < \dfrac{n-2}{n}\varepsilon.$

现在取满足 $\dfrac{n-2}{n}\varepsilon < r < \dfrac{n-1}{n}\varepsilon$ 的有理数 r，那么

(5) $a \in U(d_i, r) \subset U\left(d_i, \dfrac{n-1}{n}\varepsilon\right) \subset U(d, \varepsilon).$

因此，a 属于包含于 $U(d, \varepsilon)$ 的 $\mathfrak{A}'$ 的元素 $U(d_i, r)$.

将 $\mathfrak{A}'$ 中的元素编号为 $U_1, U_2, \cdots$. 如前面已经证明的那样，由 U_1, $U_2, \cdots$ 生成的 σ 代数是 $\mathscr{F}$，在 $\mathscr{F}$ 中可以找出由 0 与 1 之间添加有理数而形成的集合族 $\{U_r\}$，并且满足下面的条件：

(6) $\{U_r\}$ 生成的 σ 代数是 $\mathscr{F}$；

(7) U_r 关于 r 是单调非减的，即如果 $r < s$，则 $U_r \subset U_s$；

(8) U_r 关于 r 是右连续的，这意味着 $\bigcap\limits_{r>s} U_r = U_s$；

(9) $\bigcap\limits_{0<r<1} U_r = \varnothing,\ \bigcup\limits_{0<r<1} U_r = D.$

现定义集合序列 $\{V_r\}$ 如下：

(10) $V_1 = U_1$；

(11) $V_2 = V_1 \cap U_2, V_3 = V_1 \cup ((D - V_1) \cap U_2)$；

(12) 将 V_1, V_2, V_3 按照由小到大的顺序重新排列为 V_1', V_2', V_3'，即 $V_1' = V_2, V_2' = V_1, V_3' = V_3$.

$$V_4 = V_1' \cap U_3,$$
$$V_5 = V_1' \cup ((V_2' - V_1') \cap U_3),$$
$$V_6 = V_2' \cup ((V_3' - V_2') \cap U_3),$$
$$V_7 = V_3' \cup ((D - V_3') \cap U_3).$$

如此继续下去可以获得 $V_8, V_9, \cdots$. 简单地可以看出 $\{V_i\}$ 全部属于 $\mathscr{F}$. 反之，将 $\{U_i\}$ 用 $\{V_i\}$ 表示，可得

(13) $U_1 = V_1, U_2 = V_2 \cup (V_3 - V_1)$，

$$U_3 = V_4 \cup (V_5 - V_1') \cup (V_6 - V_2') \cup (V_7 - V_3')$$

$$= V_4 \cup (V_5 - V_2) \cup (V_6 - V_1) \cup (V_7 - V_3),$$

等等.

因此 $\{U_i\}$ 属于 $\{V_i\}$ 生成的 σ 代数, 并且 $\{V_i\}$ 生成的 σ 代数也是 $\mathscr{F}$, 同时

(14) $\displaystyle\bigcap_k V_k = \bigcap_k U_k = \varnothing, \qquad \bigcup_k V_k \supset \bigcup_k U_k = D.$

另外, $(0,1)$ 中的数用三进制表示时, 小数点后第一位为 1 的数的集合是长度为 $\frac{1}{3}$ 的线段, 假设 m_1 为该线段的中点. 同样, 将小数点后第二位为 1 的数做成的两条线段的中点由小到大分别设为 m_2, m_3. 一般地, 将小数点后第 n 位为 1 的数做成的 2^{n-1} 条线段的中点由小到大依次设为 $m_{2^{n-1}}, m_{2^{n-1}+1}, \cdots, m_{2^n-1}$. 这样, $\{m_k\}$ 为一孤立点集合.

现在, 定义 $V'_{m_k} \equiv V_k$, 则 V'_{m_k} 关于 m_k 单调非减, 进一步, 对于有理数 r, 如果假设

$$U_r \equiv \bigcap_{m_k > r} V'_{m_k},$$

则根据 $\{m_k\}$ 为一孤立点集合以及已经验证的 V_k 所满足的性质, 我们可以发现 U_r 满足上面的性质 (6), (7), (8), (9).

假设 x 为任意 D-随机变量并且定义

(15) $y(\omega) \equiv \inf\{r;\ x(\omega) \in U_r\},$

则对于所有的有理数 r, 显然有

(16) $\{y \leqslant r\} = \displaystyle\bigcap_{r' > r} \{x \in U_{r'}\} = \left\{ x \in \bigcap_{r' > r} U_{r'} \right\} = \{x \in U_r\}.$

从而 y 是 P-可测的随机变量, 进一步地我们也有

(17) $\{r' < y \leqslant r\} = \{x \in U_r\} \cap \{x \notin U_{r'}\} = \{x \in U_r - U_{r'}\}.$

令 $I = (r', r]$, $U_I = U_r - U_{r'}$, 则

(17$'$) $\{y \in I\} = \{x \in U_I\}.$

据此, 根据 (6), (7), (8), (9) 与超限归纳法, 我们可以定义对应于 $(0,1)$ 上的任意 Borel 集合 E 的 U_E, 并且与 E 对应的集合关系 U_E 也成立, 同时类似于 U_I 的扩张也成立, 即

$(17'')$ $\{y \in E\} = \{x \in U_E\}$.

显然, $\{U_E\}$ 是拥有所有邻域的完全加法族并且包含于 $\mathscr{F}$, 而 y 是能完全表示 x 的随机变量.

§11　ℝ-概率测度的表现

我们将实数空间 ℝ 上的概率测度称为 ℝ-概率测度. 实值随机变量与 ℝ-概率测度之间存在以下密切关系:

(1) 实值随机变量的概率分布为 ℝ-概率测度;

(2) 一个 ℝ-概率测度可以作为某一个概率空间上的某一个随机变量的概率分布. 假设 P 为 ℝ-概率测度, $(\mathbb{R}, P)$ 为概率空间. 定义

$$x(r) = r, \qquad r \in \mathbb{R}.$$

则 x 是 $(\mathbb{R}, P)$ 上的随机变量, 其概率分布为 P.

ℝ-概率测度 P 是测度, 因此对它的处理是不容易的. 为此, 我们如下定义 ℝ 上的实值函数 $F(\lambda)$, 称之为 **P 决定的分布函数**:

(3) $F(\lambda) = P((-\infty, \lambda])$.

显然, 这个函数 F 具有以下的性质:

(4) $F(\lambda)$ 关于 λ 单调非减, 即如果 $\lambda < \mu$, 则 $F(\lambda) \leqslant F(\mu)$;

(5) $F(\lambda)$ 关于 λ 右连续, 即 $F(\lambda + 0) = F(\lambda)$;

(6) $F(+\infty) = 1$, $F(-\infty) = 0$.

一般地, 满足上面性质 (4), (5), (6) 的函数叫作**分布函数**. 对于一个分布函数 $F(\lambda)$, 如果定义集函数

(7) $P(E) = \displaystyle\int_E \mathrm{d}F(\lambda)$,

这里 E 是 Borel 集合, 则 P 是 ℝ 上的概率测度, 称为 $F(\lambda)$ 确定的概率测度.

根据 (3) 与 (7) 可知, P 与 F 是一一对应的. 由于 $F(\lambda)$ 是单调的, 因此 $F(\lambda + 0)$ 与 $F(\lambda - 0)$ 均存在. 在 $F(\lambda)$ 的连续点处我们有

$F(\lambda) = F(\lambda+0) = F(\lambda-0)$；当 λ 不是连续点时，我们有 $F(\lambda) = F(\lambda+0) \neq F(\lambda-0)$. 这样，在画函数 $\mu = F(\lambda)$ 的图像时，在 F 的不连续点处 $(\lambda, F(\lambda-0))$ 与 $(\lambda, F(\lambda))$ 之间用线段连接可以获得连续曲线. 假设直线 $\lambda + \mu = a$ 夹在 $\mu = F(\lambda)$ 与 λ 轴之间的部分长度为 $G(a)$，则

(8) $G(a)$ 关于 a 单调非减；

(9) $G(a)$ 关于 a 连续并且 $|G(a_1) - G(a_2)| \leqslant \sqrt{2}|a_1 - a_2|$；

(10) $G(-\infty) = 0$，$G(+\infty) = \sqrt{2}$.

反之，满足以上条件的 $G(a)$，不仅可由以上方法根据某一分布函数 $F(\lambda)$ 获得，而且 $F(\lambda)$ 可由 $G(a)$ 唯一确定. 因此，ℝ-概率测度 P、对应的分布函数及其构造的函数 $G(a)$ 之间相互一一对应：

(11) $P \longleftrightarrow F(\lambda) \longleftrightarrow G(a)$.

§12 ℝ-概率测度之间的距离

首先，对于满足 §11 的 (8), (9), (10) 的函数 $G_1(a)$ 与 $G_2(a)$，定义它们之间的距离 $\rho(G_1, G_2)$ 为

$$\rho(G_1, G_2) = \sup_{-\infty < a < \infty} |G_1(a) - G_2(a)|.$$

根据性质 (8), (9), (10)，定义中的 sup 可换成 max.

定义 12.1 假设 P_1 和 P_2 为 ℝ-概率测度，而 G_1 与 G_2 分别为根据 §11 的 (11) 确定的与 P_1 与 P_2 对应的函数. 我们定义 P_1 与 P_2 之间的距离为

(1) $\rho(P_1, P_2) = \rho(G_1, G_2)$.

定理 12.1 上面定义的 ρ 是一个距离，即

(2) $\rho(P_1, P_2) \geqslant 0$，当且仅当 $P_1 = P_2$ 时等号成立；

(3) $\rho(P_1, P_2) = \rho(P_2, P_1)$；

(4) $\rho(P_1, P_2) + \rho(P_2, P_3) \geqslant \rho(P_1, P_3)$.

这个定理显然是成立的.

　　根据这个定理, 对分布函数的集合我们可以定义关联于 ρ 的邻域、极限、聚点、闭包等拓扑概念. 那么 $\{P_n\}$ 收敛于 P 时, §11 的 (11) 蕴涵对应的 $\{G_n\}$ 一致收敛于 G, 这可由定义明确地给出, 然而关于分布函数 F 又如何呢?

　　定理 12.2　$\mathbb{R}$-概率测度 $\{P_n\}$ 收敛于 P 的充分必要条件为

　　(5) 在 F 的连续点 λ 处, $\lim\limits_{n\to\infty} F_n(\lambda) = F(\lambda)$,

这里 F_n 与 F 分别是 $\{P_n\}$ 与 P 对应的分布函数.

　　证明　**1° 必要性.**　假设 a 为 F 的连续点, 又设与通过 (λ, μ) 平面上点 $(a, F_n(a))$ 的直线 $\lambda + \mu = 0$ 平行的直线 $\lambda + \mu = a + F_n(a)$ 与函数 $\mu = F(\lambda)$ 的图像的交点为 (a_n, b_n) (§11 中叙述的连续化曲线), 则

　　(6) $|a - a_n| < \rho(P_n, P)$,

　　(7) $|b_n - F_n(a)| < \rho(P_n, P)$.

注意 a 为 F 的连续点, 从而 (6) 的右边当 $n \to \infty$ 时趋向于 0, 因此

　　(8) $|b_n - F(a)| < \varepsilon_n$ (当 $n \to \infty$ 时 $\varepsilon_n \to 0$).

由 (7) 和 (8) 得, 当 $n \to \infty$ 时

　　(9) $|F(a) - F_n(a)| \leqslant |b_n - F(a)| + |b_n - F_n(a)| < \varepsilon_n + \rho(P_n, P) \to 0 \ (n \to \infty)$.

　　2° 充分性.　由于 F 的不连续点的全体最多为可数个, 那么存在 F 的连续点 M 与 $-M$, 使得

　　(10) $F(M) > 1 - \varepsilon$,　　　$F(-M) < \varepsilon$.

进一步, 区间 $(-M, M)$ 中的分点 $-M = m_0 < m_1 < \cdots < m_{k-1} < m_k = M$ 均为 F 的连续点, 并且

　　(11) $|m_i - m_{i-1}| < \varepsilon$ 　　　$(i = 1, 2, \cdots, k)$.

这样，m_i $(i = 0, 1, 2, \cdots, k)$ 是 F 的连续点的事实蕴涵，存在 $N(i, \varepsilon)$ 使得当 $n > N(i, \varepsilon)$ 时

(12) $|F(m_i) - F_n(m_i)| < \varepsilon$.

取 $N(\varepsilon) = \max\{N(i, \varepsilon) : \ i = 0, 1, \cdots, k\}$，当 $n > N(\varepsilon)$ 时，(12) 对于任意的 $i = 0, 1, \cdots, k$ 均成立. 据此，根据 $F(\lambda), F_n(\lambda)$ 均单调非减以及本节的 (10), (11), (12) 可知 (画出 $\mu = F_n(\lambda), \mu = F(\lambda)$ 的图像就可以很清楚地看出这一点)

(13) $\rho(P_n, P) < \sqrt{2}\varepsilon$. □

§13　ℝ-概率测度集合的拓扑性质

我们已经很清楚 ℝ-概率测度的集合按照距离 ρ 形成一个距离空间，现在我们来研究这个空间的拓扑性质.

定理 13.1 ℝ-概率测度全体的集合关于距离 ρ 完备，即 ℝ-概率测度的任意基本列具有极限测度.

证明 这个定理是显然的，因为满足 §11 的 (8), (9), (10) 的函数集合按照 §12 定义的距离 ρ 构成一个完备的距离空间. □

值得注意的是，ℝ-概率测度全体的集合不是正规族. 例如，假设 P_n 是密度为 $\dfrac{1}{\sqrt{2\pi}n}\mathrm{e}^{-\frac{\lambda^2}{2n^2}}$ 的 ℝ-概率测度，即

$$P_n(\mathrm{d}\lambda) = \frac{1}{\sqrt{2\pi}n}\mathrm{e}^{-\frac{\lambda^2}{2n^2}}\,\mathrm{d}\lambda,$$

这里 $\mathrm{d}\lambda$ 为 Lebeusge 测度，则 ℝ-概率测度列 $\{P_n\}$ 不存在聚点. 那么，哪些 ℝ-概率测度的集合构成正规族呢? 对此，可以参考 P. Lévy[1] 的研究.

定理 13.2 (P. Lévy) ℝ-概率测度的集合 $\mathfrak{M}$ 是正规族的充分必要条件是，存在满足以下条件的实值函数 $T(\lambda)$:

(1) $T(\lambda)$ 在 $(0, \infty)$ 内单调非减,

(2) $\lim\limits_{\lambda \to \infty} T(\lambda) = 1$,

(3) 对于属于 $\mathfrak{M}$ 的任意 $\mathbb{R}$-概率测度 P, 有下式成立

$$P([-\lambda, \lambda]) \geqslant T(\lambda).$$

证明　1° 充分性　假设 (1), (2), (3) 成立. 我们需要证明 $\mathfrak{M}$ 中的任意序列 $\{P_n\}$ 存在聚点. 为此根据 §11 的 (11) 考虑对应于 P_n 的函数 G_n, 由该节的 (9) 可知,

(4) $G_n(\lambda) \geqslant \sqrt{2} T(\lambda - 1 - 0)$　　$(\lambda > 0)$,

(5) $G_n(-\lambda) \leqslant \sqrt{2}(1 - T(\lambda - 0))$.

那么, 假设 $\lambda_1, \lambda_2, \cdots$ 为 $(-\infty, \infty)$ 上的稠密数列并使得该数列包含 λ_i 与 $-\lambda_i$. 考虑序列 $\{G_n(\lambda_1), n = 1, 2, \cdots\}$, 由于该序列是有界的, 所以存在聚点. 假设其中的一个聚点为 $G(\lambda_1)$, 而收敛于 $G(\lambda_1)$ 的子序列设为 $\{G_{n_{1p}}(\lambda_1)\}$, 即

(6) $G_{n_{11}}(\lambda_1), G_{n_{12}}(\lambda_1), \cdots \longrightarrow G(\lambda_1)$.

接下来, 假设 $\{G_{n_{1p}}(\lambda_2)\}$ 的一个聚点为 $G(\lambda_2)$, 使得

(7) $G_{n_{2p}}(\lambda_2) \longrightarrow G(\lambda_2)$　　$(p \to \infty)$,

这里 $\{n_{2p}\}$ 是 $\{n_{1p}\}$ 的子序列. 同样存在 $\{n_{1p}\}$ 的子序列 $\{n_{kp}\}$, 使得

(8) $\{G_{n_{kp}}(\lambda_k)\} \longrightarrow G(\lambda_k)$　　$(p \to \infty)$.

为了简单, 我们将 $G_{n_{pp}}(\lambda)$ 记成 $G_p(\lambda)$. 则对于 $\lambda = \lambda_1, \lambda_2, \cdots$, 序列 $\{G_p(\lambda), p = 1, 2, \cdots\}$ 分别收敛于 $G(\lambda_1), G(\lambda_2), \cdots$ (对角线法!). 此外, 根据 §11 的 (9) 我们得到

(9) $|G_p(\lambda_i) - G_p(\lambda_j)| \leqslant \sqrt{2}|\lambda_i - \lambda_j|$,　　$i, j = 1, 2, \cdots$,

进而

(10) $|G(\lambda_i) - G(\lambda_j)| \leqslant \sqrt{2}|\lambda_i - \lambda_j|$,　　$i, j = 1, 2, \cdots$.

因此, $G(\lambda_i)$ 关于 λ_i 一致连续, 由此根据 $\{\lambda_i\}$ 的稠密性, 我们能将其扩张而定义 $(-\infty, \infty)$ 上的连续函数 $G(\lambda)$, 并且该函数满足: 当 $\lambda_i \to \lambda$ 并

且 $\lambda_j \to \lambda'$ 时，对任意的 λ, λ'

(11) $|G(\lambda) - G(\lambda')| \leqslant \sqrt{2}|\lambda - \lambda'|.$

另外，函数 $G(\lambda)$ 的单调非减性容易获得，同时从定义可以看出 $G(\lambda)$ 满足上面的 (4) 与 (5)，即 $G(\lambda)$ 满足 §11 的 (8), (9), (10)，从而与某一个 ℝ-概率测度 P 对应. 为了说明 P 是 $\{P_n\}$ 的一个聚点，我们仅需要证明 $G_p(\lambda)$ 一致收敛于 $G(\lambda)$ 即可.

为此，首先在 $\{\lambda_i\}$ 中任取充分大的 M，使得

(12) $G(M) > \sqrt{2} - \varepsilon, \qquad G(-M) < \varepsilon,$

并且在 $-M$ 与 M 之间插入满足

(13) $|m_i - m_{i-1}| < \varepsilon \quad (i = 1, 2, \cdots, k), \quad \{m_i\} \subseteq \{\lambda_i\}$

的分点 $-M = m_0 < m_1 < \cdots < m_{k-1} < m_k = M.$

其次，我们能取充分大的 $p(\varepsilon)$，使得当 $p > p(\varepsilon)$ 时

(14) $|G_p(m_i) - G(m_i)| < \varepsilon \quad (i = 1, 2, \cdots, k).$

如果 λ 是 m_i, m_{i-1} 之间的实数，则

$$
\begin{aligned}
(15) \quad |G_p(\lambda) - G(\lambda)| &< |G_p(m_{i-1}) - G_p(\lambda)| \\
&\quad + |G(m_{i-1}) - G(\lambda)| \\
&\quad + |G_p(m_{i-1}) - G(m_{i-1})| \\
&< \sqrt{2}|m_{i-1} - \lambda| + \sqrt{2}|m_{i-1} - \lambda| + \varepsilon \\
&< 2(\sqrt{2} + 1)\varepsilon.
\end{aligned}
$$

如果 $\lambda > M$，我们也有

$$
\begin{aligned}
(16) \quad |G_p(\lambda) - G(\lambda)| &< |\sqrt{2} - G_p(\lambda)| + |\sqrt{2} - G(\lambda)| \\
&< |\sqrt{2} - G_p(M)| + |\sqrt{2} - G(M)| \\
&< |\sqrt{2} - G(M)| + |G(M) - G_p(M)| \\
&\quad + |\sqrt{2} - G(M)| \\
&< 3\varepsilon.
\end{aligned}
$$

同样，当 $\lambda < -M$ 时我们也有

(17) $|G_p(\lambda) - G(\lambda)| < 3\varepsilon$.

这样，(15), (16), (17) 蕴涵 $G_p(\lambda)$ 一致收敛于 $G(\lambda)$. 充分性证毕.

　　2° 必要性　我们来证明，如果满足 (1), (2), (3) 的 $T(\lambda)$ 不存在，那么 $\mathfrak{M}$ 中存在没有聚点的序列. 当 $T(\lambda)$ 不存在时，满足以下条件的正数 α，实数列 $\{\lambda_i\}$ 以及 $\mathfrak{M}$ 中的序列 $\{P_i\}$ 存在：

　　(18) $\lambda_1 < \lambda_2 < \cdots \longrightarrow \infty$;

　　(19) $P_i([-\lambda_i, \lambda_i]) < \alpha < 1$.

注意，根据 §11 的 (11)，如果对应于 P_i 的函数为 G_i，则 (19) 转化成

　　(20) $G_i(\lambda_i) - G_i(-\lambda_i) < \sqrt{2}\alpha < \sqrt{2}$.

此外，我们需要证明 $\{P_i\}$ 没有聚点. 如果 $\{P_i\}$ 有聚点并且聚点对应于函数 G，由于 $G_i(\lambda)$ 单调非减，因此 (20) 蕴涵

　　(21) $G_i(\lambda_j) - G_i(-\lambda_j) < \sqrt{2}\alpha < \sqrt{2}, i \geqslant j$,

令 $i \to \infty$，我们获得

　　(22) $G(\lambda_j) - G(-\lambda_j) \leqslant \sqrt{2}\alpha < \sqrt{2}$.

据此由 (18) 与 (22) 可知，

　　(23) $G(+\infty) - G(-\infty) \leqslant \sqrt{2}\alpha < \sqrt{2}$.

这与 $G(+\infty) - G(-\infty) = \sqrt{2}$ 矛盾，所以 $\{P_i\}$ 没有聚点.　　　　□

§14　$\mathbb{R}$-概率测度的数字特征

　　若要完全刻画 $\mathbb{R}$-概率测度，就要如 §11 所讲，必须依据函数 $F(\lambda)$ 与 $G(a)$. 然而，这是很困难的，但有时我们会利用更简单的 $\mathbb{R}$-概率测度的特征来研究其性质，并把表示有关特征的量叫作 $\mathbb{R}$-概率测度的数字特征.

　　$\mathbb{R}$-概率测度的数字特征中最简单的是均值. 假设 P 是 $\mathbb{R}$-概率测度，则 P 的均值被定义成

　　(1) $m(P) \equiv \displaystyle\int_{\mathbb{R}} \lambda P(\mathrm{d}\lambda)$.

不是有了均值的概念人们就能定义 ℝ-概率测度的均值, 而且存在没有均值的 ℝ-概率测度 (即 (1) 的右边不收敛). 如果将 ℝ-概率测度考虑成实数空间 ℝ 上的质量分布, 则其均值相当于重心. 若想将 ℝ-概率测度的数字特征用一个量来表示, 那么运用 $m(P)$ 也不失为一种方法.

作为定义 3.2 的例子的 Poisson 分布, 其均值是 η. 事实上,

$$(2) \quad \sum_{k=0}^{\infty} k e^{-\eta} \frac{\eta^k}{k!} = \sum_{k=1}^{\infty} e^{-\eta} \frac{\eta^k}{(k-1)!} = \eta e^{-\eta} \sum_{k=1}^{\infty} \frac{\eta^{k-1}}{(k-1)!} = \eta.$$

另外, 简单的计算可以证明作为定义 3.5 的例子的 Gauss 分布, 其均值是 m. 这样, Poisson 分布可由其均值 η 所确定, 因此称其为均值是 η 的 Poisson 分布.

尽管已经在 §9 叙述了均值的概念, 但那是作为随机变量特征的均值. 本节的均值是作为 ℝ-概率测度的数字特征的均值, 二者在理论上严格地讲是有区别的, 但是其中有密切的关系. 也就是说, 在 §9 的意思下随机变量 x 的均值 $m(x)$ 等于其概率分布 P_x 的在本节意思下的均值 $m(P_x)$.

$$m(x) = m(P_x).$$

由于均值不一定存在, 所以有时会用中位数取而代之. 假设 P 的分布函数为 F, 满足

$$F(\lambda - 0) \leqslant \frac{1}{2} \leqslant F(\lambda)$$

的实数 λ 称为 P 的中位数. 这样的 λ 不唯一时, 这些点可以构成一条线段, 此时我们称该线段上的某一点为中位数. 中位数的概念与均值一样, 不仅仅是 ℝ-概率测度的数字特征, 也可以作为随机变量的特性来使用. 也就是说, 满足

$$P(x < \lambda) \leqslant \frac{1}{2} \leqslant P(x \leqslant \lambda)$$

的实数 λ 叫作 x 的中位数. x 的中位数与 x 分布的中位数相等.

以函数

$$\frac{1}{\pi} \frac{1}{(\lambda - m)^2 + 1}$$

为概率密度的 $\mathbb{R}$-概率测度称为 Cauchy 分布, 它是与 Gauss 分布、Poisson 分布等一样重要的分布. 很显然, 该分布的均值不存在, 但是存在中位数 m.

表示概率在均值附近聚集程度的量是标准差. $\mathbb{R}$-概率测度的标准差是

(3) $\sigma(P) \equiv \sqrt{\displaystyle\int_{\mathbb{R}} (\lambda - m(P))^2 \, P(\mathrm{d}\lambda)}.$

均值是 η 的 Poisson 分布的标准差也是 η. 另外作为定义 3.5 的例子的 Gauss 分布, 其标准差是 σ. Gauss 分布由均值与标准差共同确定, 而 Cauchy 分布不存在标准差.

标准差也可以作为随机变量的特性使用, 也就是说, 随机变量的标准差是

(4) $\sigma(x) \equiv \sqrt{m\left[(x - m(x))^2\right]}.$

这时我们有

(5) $\sigma(x) = \sigma(P_x).$

进一步, 对于常数 a, 我们有

$$\sigma(ax) = |a|\sigma(x), \qquad \sigma(a + x) = \sigma(x).$$

现在考虑一个问题: 随机变量 x 的均值 $m(x)$ 与标准差 $\sigma(x)$ 均已知时, 我们对 x 了解的程度.

定理 14.1(Bienaymé 不等式)

$$P\left(|x - m(x)| > t\sigma(x)\right) \leqslant \frac{1}{t^2}.$$

证明 我们有

(6) $(\sigma(x))^2 = \displaystyle\int_{\Omega} (x(\omega) - m(x))^2 \, P(\mathrm{d}\omega).$

取

$$\Omega_1 = (|x - m(x)| > t\sigma(x)), \qquad \Omega_2 = (|x - m(x)| \leqslant t\sigma(x))$$

则 $\Omega_1 \cup \Omega_2 = \Omega, \Omega_1 \cap \Omega_2 = \varnothing$. 对 (6) 的右边, 在 Ω_1 上将 $(x(\omega) - m(x))^2$
换成 $(t\sigma(x))^2$, 在 Ω_2 上将其换成 0, 则可得到

$$
\begin{aligned}
(\sigma(x))^2 &\geqslant \int_{\Omega_1} (t\sigma(x))^2 \, P(\mathrm{d}\omega) = (t\sigma(x))^2 \, P(\Omega_1) \\
&= (t\sigma(x))^2 \, P(|x - m(x)| > t\sigma(x)).
\end{aligned}
$$

因此当 $\sigma(x) \neq 0$ 时,

$$
P\left(|x - m(x)| > t\sigma(x)\right) \leqslant \frac{1}{t^2}.
$$

当 $\sigma(x) = 0$ 时, $x = m(x)$ 并且左边为 0, 所以不等式显然成立.　　　　□

使用 R-概率测度, 这个定理则成为如下形式.

定理 14.2　*假设 P 为 R-概率测度, 则我们有*

$$
P\left([m(P) - t\sigma(P), m(P) + t\sigma(P)]\right) \geqslant 1 - \frac{1}{t^2}.
$$

使用此定理我们可以获得下面的定理.

定理 14.3　*给定 R-概率测度的集合 $\mathfrak{M}$, 如果 $\mathfrak{M}$ 中概率测度的均值
与标准差均是有界的, 则 $\mathfrak{M}$ 是正规的.*

证明　假设 $\mathfrak{M}$ 中的概率测度的均值与标准差分别属于 $(-M, M)$ 与
$(0, M)$. 任取 $P \in \mathfrak{M}$, 则我们有

$$
m(P) - t\sigma(P) \geqslant -M - tM = -M(1 + t),
$$

$$
m(P) + t\sigma(P) \leqslant M + tM = M(1 + t).
$$

据此由定理 14.2, 可知

$$
P\left([-(1 + t)M, \ (1 + t)M]\right) \geqslant 1 - \frac{1}{t^2}.
$$

取 $t = \dfrac{\lambda - M}{M}$，我们获得

$$P([-\lambda, \lambda]) \geqslant 1 - \left(\frac{M}{\lambda - M} \right)^2.$$

这样，存在满足定理 13.2 的函数 $T(\lambda)$. 从而 $\mathfrak{M}$ 为正规的.　　　　$\square$

如前所述，标准差是非常方便的工具，后面将会进一步看到. 然而在 (3) 右边的积分发散的情况下，标准差将无法使用，所以 P. Lévy 引入了与标准差相同的、也能够刻画 $\mathbb{R}$-概率测度的集中程度的概念 —— 向心度，现在介绍之. 给定一个正数 l，称

(7) $Q(P, l) \equiv \sup\limits_{\lambda \in \mathbb{R}} P([\lambda, \lambda + l))$

为 **P 关于 l 的向心度**，这里 sup 能置换成 max. 由于向心度 $Q(P, l)$ 是概率而标准差是长度，因此它们之间不一定存在对应关系. Lévy 给出了 P 关于概率 α 的偏差的概念. 称 $Q(P, l)$ 的右连续逆

(8) $\delta(P, \alpha) = \inf(l;\ Q(P, l) \geqslant \alpha)$

为 **P 关于概率 α 的偏差**. 由定理 14.2 可知，

(9) $\delta\left(P, 1 - \dfrac{1}{t^2} \right) \leqslant 2t\sigma(P),$

并且当 P 为 Gauss 分布时，

(10) $\delta(P, \alpha) = 2\sigma(P)\theta(\alpha),$

这里 $\theta(\alpha)$ 由下列等式确定：

$$\int_{-\theta(\alpha)}^{\theta(\alpha)} \frac{1}{\sqrt{2\pi}} e^{-\frac{t^2}{2}} \mathrm{d}t = \alpha.$$

此外，对于随机变量 x，我们可以如下定义向心度 $Q(x, l)$：

$$Q(x, l) \equiv \max\limits_{\lambda \in \mathbb{R}} P(\lambda \leqslant x \leqslant \lambda + l).$$

此时，$Q(x, l) = Q(P_x, l)$. 类似地也有 $\delta(x, \alpha)$.

§15 独立随机变量的和，$\mathbb{R}$-概率测度的卷积

假设 x 和 y 为独立的随机变量，E' 为 $\mathbb{R}^2$ 中的任意 Borel 集合，则定理 8.4 蕴涵

(1) $P_{(x,y)}(E') = \int\int_{E'} P_x(\mathrm{d}\lambda) P_y(\mathrm{d}\mu).$

现在，设 E' 是使得 $\lambda + \mu \in E$ (这里 E 是 $\mathbb{R}$ 上 Borel 集合) 的点 (λ, μ) 的集合，那么 (1) 的左边等于 $P(x + y \in E)$，而根据测度论的 Fubini 定理，右边等于

(2) $\displaystyle\int_{-\infty}^{\infty} P_x(\mathrm{d}\lambda) \int_{E(-)\lambda} P_y(\mathrm{d}\mu)$

$\displaystyle = \int_{-\infty}^{\infty} P_y(E(-)\lambda) P_x(\mathrm{d}\lambda),$

这里 $E(-)\lambda$ 表示 $E(a - \lambda; a \in E)$. 这样，我们获得下面的定理.

定理 15.1 如果 x 与 y 是相互独立的随机变量，则

(3) $\displaystyle P_{x+y}(E) = \int_{-\infty}^{\infty} P_y(E(-)\lambda) P_x(\mathrm{d}\lambda)$

$\displaystyle = \int_{-\infty}^{\infty} P_x(E(-)\lambda) P_y(\mathrm{d}\lambda).$

定理 15.2 对于任意 $\mathbb{R}$-概率测度 P_1, P_2，存在概率空间 $(\Omega, \mathscr{F}, P)$ 及其上的独立随机变量 x, y，使得它们的分布分别是 P_1 与 P_2.

证明 对于 $\mathbb{R}^2$ 上的 Borel 集合 E，定义集函数

(4) $\displaystyle P(E) = \int\int_E P_1(\mathrm{d}\lambda) P_2(\mathrm{d}\mu),$

以及投影

$$x: \quad (\lambda, \mu) \mapsto \lambda, \qquad y: \quad (\lambda, \mu) \mapsto \mu,$$

则 P 是一个 $\mathbb{R}$-概率测度，x, y 是概率空间 $(\mathbb{R}^2, \mathscr{B}, P)$ 上的相互独立的随机变量，其概率分布分别为 P_1 与 P_2. □

根据这个定理, 对于任意 $\mathbb{R}$-概率测度 P_1, P_2, 可以证明

(5) $P_3(E) \equiv \displaystyle\int_{-\infty}^{\infty} P_2(E(-)\lambda) P_1(\mathrm{d}\lambda)$

定义了一个 $\mathbb{R}$-概率测度. 假设 x, y 按照定理 15.2 证明中定义, 则由定理 15.1 知

$$P_{x+y}(E) = \int_{-\infty}^{\infty} P_y(E(-)\lambda) P_x(\mathrm{d}\lambda)$$
$$= \int_{-\infty}^{\infty} P_2(E(-)\lambda) P_1(\mathrm{d}\lambda) = P_3(E).$$

因此, P_3 是 $x + y$ 的概率分布并且也是 $\mathbb{R}$-概率测度. 在此基础上我们可以获得如下的定义.

定义 15.1　假设 P_1, P_2 为 $\mathbb{R}$-概率测度, 称 $\mathbb{R}$-概率测度

(6) $P_3(E) \equiv \displaystyle\int_{-\infty}^{\infty} P_2(E(-)\lambda) P_1(\mathrm{d}\lambda)$

为 P_1 与 P_2 的**卷积**, 记成 $P_3 = P_1 * P_2$.

推论　$\mathbb{R}$-概率测度的卷积具有下面的性质:

(7) $P_1 * P_2 = P_2 * P_1$;

(8) $(P_1 * P_2) * P_3 = P_1 * (P_2 * P_3)$;

(9) 假设 P_0 是在 0 处的概率等于 1 的 $\mathbb{R}$-概率测度, 则对任意的 $\mathbb{R}$-概率测度 P, 均有

$$P_0 * P = P.$$

为此, 我们称 P_0 为**单位概率测度**.

定理 15.3　对于独立的随机变量 x, y, 我们有

(10) $(\sigma(x+y))^2 = (\sigma(x))^2 + (\sigma(y))^2$,

(11) $Q(x+y, l) \leqslant Q(x, l)$　　(P. Lévy).

证明　显然, 我们有

$$(\sigma(x+y))^2 = m\left[(x+y) - m(x+y)\right]^2$$
$$= m\{[x - m(x) + y - m(y)]^2\}$$
$$= m\{[x - m(x)]^2\} + m\{[y - m(y)]^2\}$$
$$+ 2m\left[(x - m(x))(y - m(y))\right].$$

注意, x 与 y 的独立性蕴涵 $x - m(x)$ 与 $y - m(y)$ 独立 (定理 8.3), 因此

$$m\left[(x - m(x))(y - m(y))\right] = m(x - m(x))m(y - m(y))$$
$$= (m(x) - m(x))(m(y) - m(y)) = 0,$$

从而 (10) 成立. 对于 (11), 我们有

$$P(\lambda \leqslant x + y \leqslant \lambda + l) = P_{x+y}([\lambda, \lambda + l])$$
$$= \int_{-\infty}^{\infty} P_x([\lambda - \mu, \lambda - \mu + l])P_y(\mathrm{d}\mu)$$
$$\leqslant \int_{-\infty}^{\infty} Q(x, l)P_y(\mathrm{d}\mu) = Q(x, l).$$

在左边取上确界即可以获得 (11). □

定理 15.4 假设 P_1, P_2 为 $\mathbb{R}$-概率测度, 则

(12) $m(P_1 * P_2) = m(P_1) + m(P_2)$,

(13) $(\sigma(P_1 * P_2))^2 = (\sigma(P_1))^2 + (\sigma(P_2))^2$,

(14) $Q(P_1 * P_2, l) \leqslant Q(P_1, l)$.

证明 根据定理 15.2, 存在独立的随机变量 x, y, 其概率分布分别为 P_1, P_2, 因此

$$P_{x+y} = P_x * P_y = P_1 * P_2,$$

并且

$$m(x + y) = m(x) + m(y) \quad (\text{定理 9.1}).$$

注意，$m(x+y) = m(P_{x+y}) = m(P_1 * P_2), m(x) = m(P_1), m(y) = m(P_2)$，由此我们可以得到 (12). 类似地，也能得到 (13), (14). (根据 §14 和定理 15.3.)　　　　　　　　　　　　　　　　　　　　　　　　　　　□

卷积在 $\mathbb{R}$-概率测度的集合中是重要的运算，其定义很有趣. 若用其他的量来表现 $\mathbb{R}$-概率测度，表现的结果就成为卷积，这是简单的运算. 用定理 15.4 的结果来做简单的运算，把 $\mathbb{R}$-概率测度 P 用二元向量 $v(P) \equiv (m(P), (\sigma(P))^2)$ 来表现就得到 $v(P_1 * P_2) = v(P_1) + v(P_2)$. 卷积反映了二元向量空间的加法. 其均值和标准差优于同样的其他特征量.

(15) 并不是对所有的 $P, v(P)$ 都存在.

(16) $v(P_1) = v(P_2)$ 并不能保证 $P_1 = P_2$.

原来的 $\mathbb{R}$-概率测度的集合是一种函数空间，很难用二元向量空间来表现，所以表现当然不是一对一的.

P. Lévy 研究出了没有上述缺点的特征函数.

卷积是 $\mathbb{R}$-概率测度的集合中重要的计算，但根据定义可以看出它是一种很麻烦的计算.

§16　特 征 函 数

定义 16.1　假设 x 为 $(\Omega, \mathscr{F}, P)$ 上的实值随机变量，实变量 z 的函数 $m(e^{izx})$ 称为 **x 的 q 特征函数**，用 $\varphi_x(z)$ 表示，这里 $i^2 = -1$.

显然，当 z 为实数时 $|e^{izx}| \leqslant 1$，因此 $m(e^{izx})$ 一定存在.

推论 1　当 a 是常数时，$\varphi_{ax}(z) = \varphi_x(az), \varphi_{a+x}(z) = e^{iza}\varphi_x(z)$.

推论 2　$\varphi_x(z)$ 是 z 的连续函数.

定理 16.1　对于独立的随机变量 x, y，我们有

(1) $\varphi_{x+y}(z) = \varphi_x(z)\varphi_y(z)$.

证明 显然, 我们有

$$\varphi_{x+y}(z) = m(\mathrm{e}^{\mathrm{i}z(x+y)}) = m\left(\mathrm{e}^{\mathrm{i}zx}\mathrm{e}^{\mathrm{i}zy}\right).$$

注意, x 与 y 的独立性蕴涵 $\mathrm{e}^{\mathrm{i}zx}$ 与 $\mathrm{e}^{\mathrm{i}zy}$ 独立 (定理 8.3), 因此

$$m\left(\mathrm{e}^{\mathrm{i}zx}\mathrm{e}^{\mathrm{i}zy}\right) = m\left(\mathrm{e}^{\mathrm{i}zx}\right)m\left(\mathrm{e}^{\mathrm{i}zy}\right) \quad \text{(定理 9.2)}. \qquad \square$$

定义 16.2 假设 P 为 $\mathbb{R}$-概率测度, 称

$$\int_{-\infty}^{\infty} \mathrm{e}^{\mathrm{i}z\lambda} P(\mathrm{d}\lambda)$$

为 **P 的特征函数**, 用 $\varphi_P(z)$ 表示.

推论 对任意随机变量 x, 我们有 $\varphi_x(z) = \varphi_{P_x}(z)$.

定理 16.2 对于 $\mathbb{R}$-概率测度 P_1, P_2, P_3, 如果 $P_3 = P_1 * P_2$, 则 $\varphi_{P_3}(z) = \varphi_{P_1}(z)\varphi_{P_2}(z)$.

证明 根据定理 15.2, 存在独立的随机变量 x, y, 其概率分布分别为 P_1, P_2.

$$\text{由 } P_1 = P_x, P_2 = P_y \text{ 得 } P_{x+y} = P_x * P_y = P_1 * P_2 = P_3.$$

此外, 由定理 16.1 得 $\varphi_{x+y}(z) = \varphi_x(z)\varphi_y(z)$. 而由定义 16.2 的推论得

$$\varphi_{x+y}(z) = \varphi_{P_3}(z), \quad \varphi_x(z) = \varphi_{P_1}(z), \quad \varphi_{(y)}(z) = \varphi_{P_2}(z).$$

从而可得

$$\varphi_{P_3}(z) = \varphi_{P_1}(z)\varphi_{P_2}(z). \qquad \square$$

利用这个定理, 卷积被刻画成特征函数的乘积. 进一步, 更加方便的是 $\mathbb{R}$-概率测度与它的特征函数是一一对应的.

定理 16.3 当 a, b 为 $\mathbb{R}$-概率测度 P 的连续点时,

(2) $P([a, b]) = \dfrac{1}{2\pi} \lim\limits_{C \to \infty} \displaystyle\int_{-C}^{C} \dfrac{\mathrm{e}^{-\mathrm{i}za} - \mathrm{e}^{-\mathrm{i}zb}}{\mathrm{i}z} \varphi_P(z)\mathrm{d}z.$

注 如果在作为连续点的区间 $[a, b]$ 的端点处概率能确定,而不连续点最多是可数个,那么 $\mathbb{R}$-概率测度在任意区间上的概率便能容易地获得.

证明

$$\int_{-C}^{C} \frac{\mathrm{e}^{-\mathrm{i}za} - \mathrm{e}^{-\mathrm{i}zb}}{\mathrm{i}z} \varphi_P(z)\mathrm{d}z$$

$$= \int_{-C}^{C} \mathrm{d}z \int_{a}^{b} \mathrm{e}^{-\mathrm{i}z\lambda}\mathrm{d}\lambda \int_{-\infty}^{+\infty} \mathrm{e}^{\mathrm{i}z\mu} P(\mathrm{d}\mu)$$

$$= \int_{-\infty}^{+\infty} P(\mathrm{d}\mu) \int_{a}^{b} \mathrm{d}\lambda \int_{-C}^{C} \mathrm{e}^{\mathrm{i}z(\mu-\lambda)}\mathrm{d}z$$

$$= \int_{-\infty}^{+\infty} P(\mathrm{d}\mu) \int_{a}^{b} \frac{\mathrm{e}^{\mathrm{i}C(\mu-\lambda)} - \mathrm{e}^{-\mathrm{i}C(\mu-\lambda)}}{\mathrm{i}(\mu-\lambda)}\mathrm{d}\lambda$$

$$= \int_{-\infty}^{+\infty} P(\mathrm{d}\mu) \int_{a}^{b} \frac{2\sin C(\mu-\lambda)}{\mu-\lambda}\mathrm{d}\lambda$$

$$= \int_{-\infty}^{+\infty} 2P(\mathrm{d}\mu) \int_{C(a-\mu)}^{C(b-\mu)} \frac{\sin\xi}{\xi}\mathrm{d}\xi \quad (\xi = C(\lambda-\mu))$$

$$= 2(I_1 + I_2 + I_3).$$

这里

$$I_1 = \int_{-\infty}^{a-0} P(\mathrm{d}\mu) \int_{C(a-\mu)}^{C(b-\mu)} \frac{\sin\xi}{\xi}\mathrm{d}\xi,$$

$$I_2 = \int_{a+0}^{b-0} P(\mathrm{d}\mu) \int_{C(a-\mu)}^{C(b-\mu)} \frac{\sin\xi}{\xi}\mathrm{d}\xi,$$

$$I_3 = \int_{b+0}^{+\infty} P(\mathrm{d}\mu) \int_{C(a-\mu)}^{C(b-\mu)} \frac{\sin\xi}{\xi}\mathrm{d}\xi.$$

这个分解成立的原因是 a, b 为 P 的连续点. 根据著名的积分公式

$$\int_{-\infty}^{+\infty} \frac{\sin\xi}{\xi}\mathrm{d}\xi = 2\int_0^{\infty} \frac{\sin\xi}{\xi}\mathrm{d}\xi = \pi,$$

当 $\mu > b$ 或 $\mu < a$ 时

$$\lim_{C\to+\infty} \int_{C(a-\mu)}^{C(b-\mu)} \frac{\sin\xi}{\xi}\mathrm{d}\xi = 0,$$

而当 $a < \mu < b$ 时

$$\lim_{C\to+\infty} \int_{C(a-\mu)}^{C(b-\mu)} \frac{\sin\xi}{\xi}\mathrm{d}\xi = \pi.$$

因此，当 $C \to +\infty$ 时, I_1, I_2, I_3 分别趋向于 $0, \pi P([a,b]), 0$. 定理证毕. □

例 1 区间 (a, b) 上的均匀分布的特征函数满足

$$(3) \quad \int_a^b \mathrm{e}^{\mathrm{i}z\lambda} \frac{\mathrm{d}\lambda}{b-a} = \frac{\mathrm{e}^{\mathrm{i}bz} - \mathrm{e}^{\mathrm{i}az}}{\mathrm{i}z(b-a)}.$$

例 2 均值为 m, 标准差为 σ 的 Gauss 分布 $G(m, \sigma)$ 的特征函数满足

$$(4) \quad \int_{-\infty}^{\infty} \mathrm{e}^{\mathrm{i}z\lambda} \frac{1}{\sqrt{2\pi}\sigma} \mathrm{e}^{-\frac{(\lambda-m)^2}{2\sigma^2}} \mathrm{d}\lambda = \mathrm{e}^{\mathrm{i}mz - \frac{\sigma^2}{2}z^2}.$$

因此根据定理 16.2 和定理 16.3，我们获得

$$G(m,\sigma) * G(m',\sigma') = G(m+m', \sqrt{\sigma^2 + \sigma'^2}).$$

例 3 均值为 η 的 Poisson 分布 $P(\eta)$ 的特征函数满足

$$\sum_{k=0}^{\infty} \mathrm{e}^{\mathrm{i}zk}\mathrm{e}^{-\eta}\frac{\eta^k}{k!} = \mathrm{e}^{-\eta} \sum_{k=0}^{\infty} \frac{1}{k!}\left(\eta\mathrm{e}^{\mathrm{i}z}\right)^k$$

$$= \mathrm{e}^{-\eta} \exp(\eta\mathrm{e}^{\mathrm{i}z})$$

$$= \exp\left(\eta(\mathrm{e}^{\mathrm{i}z} - 1)\right),$$

因此，

$$P(\eta) * P(\eta') = P(\eta + \eta').$$

例 4　Cauchy 分布 (§14) 的特征函数为

$$\int_{-\infty}^{\infty} \frac{1}{\pi} e^{iz\lambda} \frac{1}{(\lambda - m)^2 + 1} d\lambda = e^{imz - |z|}.$$

§17　ℝ-概率测度及其特征函数的拓扑关系

在前一节我们介绍了 ℝ-概率测度与其特征函数之间的一一对应关系，根据此对应关系关于 ℝ-概率测度的集合的性质会如何变化，存在以下定理.

定理 17.1 (P. Lévy)　ℝ-概率测度序列 $\{P_n\}$ 收敛于某一个 ℝ-概率测度 P 的充分必要条件是 $\{\varphi_{P_n}(z)\}$ 在 $(-\infty, \infty)$ 上收敛于 $\varphi_P(z)$，并且在 $z = 0$ 的邻域内一致收敛.

注　如果 $\{P_n\}$ 收敛，那么 $\{\varphi_{P_n}(z)\}$ 在任意有界区间上一致收敛，即 $\{\varphi_{P_n}(z)\}$ 在 $(-\infty, \infty)$ 上广义一致收敛是 $\{P_n\}$ 收敛的必要条件. 根据定理 17.1，这个条件没有必要来论述也是充分条件，但是作为必要条件，说 $\{\varphi_{P_n}(z)\}$ 广义一致收敛是好的，作为充分条件定理 17.1 的写法是方便的. 下面的证明也打算兼顾这些.

证明　**1° 必要性**　假设 $\{P_n\}$ 收敛于某一个 ℝ-概率测度 P，我们需要证明 $\{\varphi_{P_n}(z)\}$ 在 $|z| \leqslant a$ 上一致收敛. 记 P_n 与 P 的分布函数分别为 $F_n(\lambda)$ 与 $F(\lambda)$.

对于任意的正数 ε，取充分大的 M 使得

(1) $F(-M) + 1 - F(M) < \varepsilon$.

不失一般性，这里我们假设 $-M$ 与 M 均是 $F(\lambda)$ 的连续点，并且在 $-M$ 与 M 之间插入分点 $-M = m_0 < m_1 < m_2 < \cdots < m_{k-1} < m_k = M$，使

得

(2) m_j $(j = 1, 2, \cdots, k)$ 是 $F(\lambda)$ 的连续点；

(3) $|m_j - m_{j-1}| < \varepsilon$ $(j = 1, 2, \cdots, k)$.

因此根据定理 12.2，当 $n \to \infty$ 时 $F_n(m_j)$ 收敛于 $F(m_j)$，因此对于充分大的 N，当 $n > N$ 时

(4) $|F_n(m_j) - F(m_j)| < \dfrac{\varepsilon}{k}$ $(j = 0, 1, 2, \cdots, k)$.

在 (4) 中，对于 $j = 0$ 和 $j = k$，使用 (1) 在 $n > N$ 的条件下，

(5) $F_n(-M) + 1 - F_n(M) < 3\varepsilon.$

从而 (1), (5) 蕴涵

(6) $\left| \varphi_{P_n}(z) - \varphi_P(z) - \displaystyle\int_{-M}^{M} \mathrm{e}^{\mathrm{i}z\lambda} \mathrm{d}(F_n(\lambda) - F(\lambda)) \right| < 4\varepsilon.$

另外，当 $|z| \leqslant a$ 时，$\left| \dfrac{\mathrm{d}}{\mathrm{d}\lambda} \mathrm{e}^{\mathrm{i}z\lambda} \right| = \left| \mathrm{e}^{\mathrm{i}z\lambda} \mathrm{i}z \right| \leqslant a$，于是

(7) $\left| \displaystyle\int_{-M}^{M} \mathrm{e}^{\mathrm{i}z\lambda} \mathrm{d}(F_n(\lambda) - F(\lambda)) - \sum_{j=1}^{k} \mathrm{e}^{\mathrm{i}zm_j} \Delta_j(F_n(\lambda) - F(\lambda)) \right|$

$\leqslant \displaystyle\sum_{j=1}^{k} a|m_j - m_{j-1}| |\Delta_j(F_n(\lambda) - F(\lambda))|$

$\leqslant a\varepsilon \left(\displaystyle\int_{-M}^{M} |\mathrm{d}F_n(\lambda)| + \int_{-M}^{M} |\mathrm{d}F(\lambda)| \right) \leqslant 2a\varepsilon,$

这里

$\Delta_j(F_n(\lambda) - F(\lambda)) = (F_n(m_j) - F(m_j)) - (F_n(m_{j-1}) - F(m_{j-1})).$

进一步，(4) 蕴涵

(8) $\left| \displaystyle\sum_{j=1}^{k} \mathrm{e}^{\mathrm{i}zm_j} \Delta_j(F_n(\lambda) - F(\lambda)) \right| < 2\varepsilon,$

并且 (6), (7), (8) 蕴涵

$$|\varphi_{P_n}(z) - \varphi_P(z)| < (6 + 2a)\varepsilon.$$

必要性证毕.

2° 充分性　假设 $\{\varphi_{P_n}(z)\}$ 在 $z = 0$ 的邻域 $(-a, a)$ 内一致收敛于 φ_P. 我们需要证明 $\{P_n\}$ 收敛于某一概率测度.

首先, 使用反证法来证明 $\{P_n\}$ 是正规的. 根据定理 13.2, 如果 $\{P_n\}$ 不是正规的, 即 $\{P_n\}$ 中的任意子序列均不存在聚点, 则存在正数 ε_0, 对任意正数 l, 均存在正数 n_l 使得

$$(9) \quad P_{n_l}([-l, l]) < 1 - \varepsilon_0$$

成立. 当然由于当 n 固定时 $\lim\limits_{l \to \infty} P_n([-l, l]) = 1$, 因此 n_l 与 l 共同增大时, $\lim\limits_{l \to \infty} n_l = \infty$.

现在, 取 $0 < \zeta < a$ 并且在区间 $(0, \zeta)$ 内特征函数 $\varphi(z)$ 的振幅不超过 $\dfrac{\varepsilon_0}{3}$, 则

$$(10) \quad \frac{1}{\zeta}\left|\int_0^\zeta \varphi(z)\mathrm{d}z\right| > \frac{1}{\zeta}\left|\int_0^\zeta \varphi(0)\mathrm{d}z\right| - \frac{\varepsilon_0}{3} = 1 - \frac{\varepsilon_0}{3}.$$

然而, 当用 $\varphi_l(z)$ 来表示 P_{n_l} 的特征函数时, 我们有

$$\int_0^\zeta \varphi_l(z)\mathrm{d}z = \int_0^\zeta \mathrm{d}z \int_{-\infty}^\infty \mathrm{e}^{\mathrm{i}z\lambda} P_{n_l}(\mathrm{d}\lambda)$$

$$= \int_{-\infty}^\infty \left(\int_0^\zeta \mathrm{e}^{\mathrm{i}z\lambda} \mathrm{d}z\right) P_{n_l}(\mathrm{d}\lambda)$$

$$= \int_{-l-0}^{l+0} \left(\int_0^\zeta \mathrm{e}^{\mathrm{i}z\lambda} \mathrm{d}z\right) P_{n_l}(\mathrm{d}\lambda)$$

$$+ \int_{|\lambda| > l} \left(\int_0^\zeta \mathrm{e}^{\mathrm{i}z\lambda} \mathrm{d}z\right) P_{n_l}(\mathrm{d}\lambda).$$

在第一个积分中,

$$\left|\int_0^\zeta \mathrm{e}^{\mathrm{i}z\lambda} \mathrm{d}z\right| \leqslant \zeta,$$

而在第二个积分中,

$$\left| \int_0^\zeta e^{iz\lambda} dz \right| = \left| \frac{e^{i\zeta\lambda} - 1}{i\lambda} \right| \leqslant \frac{2}{l},$$

从而可得

$$\left| \int_0^\zeta \varphi_l(z) dz \right| \leqslant \zeta(1 - \varepsilon_0) + \frac{2}{l},$$

所以

$$\frac{1}{\zeta} \left| \int_0^\zeta \varphi_l(z) dz \right| < 1 - \varepsilon_0 + \frac{2}{l\zeta}.$$

取 $l > \dfrac{6}{\varepsilon_0 \zeta}$, 我们获得

$$(11) \quad \frac{1}{\zeta} \left| \int_0^\zeta \varphi_l(z) dz \right| < 1 - \varepsilon_0 + \frac{\varepsilon_0}{3} = 1 - \frac{2}{3}\varepsilon_0.$$

注意, 当 $l \to \infty$ 时 $n_l \to \infty$, 于是

$$\lim_{l \to \infty} \varphi_l(z) = \lim_{n \to \infty} \varphi_{P_n}(z) = \varphi(z).$$

但是在区间 $(0, \zeta)$ 内这个收敛是一致的, 那么 (11) 蕴涵

$$(12) \quad \frac{1}{\zeta} \left| \int_0^\zeta \varphi(z) dz \right| \leqslant 1 - \frac{2}{3}\varepsilon_0.$$

这与 (10) 矛盾, 也就是说 $\{P_n\}$ 是正规的. 假设其聚点 (ℝ-概率测度) 有两个, 设为 P', P'', 并且

$$P_{k_1}, P_{k_2}, \cdots \longrightarrow P', \qquad P_{h_1}, P_{h_2}, \cdots \longrightarrow P''.$$

根据必要性的证明, 我们看到

$$\varphi_{P'}(z) = \lim_{n \to \infty} \varphi_{P_{k_n}}(z) = \varphi(z),$$

$$\varphi_{P''}(z) = \lim_{n \to \infty} \varphi_{P_{h_n}}(z) = \varphi(z),$$

因此,

$$\varphi_{P'}(z) = \varphi_{P''}(z).$$

依据定理 16.3, 这就证明 $P' = P''$, 即 $\{P_n\}$ 收敛于某个 ℝ-概率测度. □

第3章　概率空间的构成

§18　建立概率空间的必要性

为了定义无穷次掷骰子所对应的概率空间, 需选择以标记 $1, 2, 3, 4, 5, 6$ 中的数为项的无限数列 $(\omega_1, \omega_2, \omega_3, \cdots)$. 对关联数列的集合 Ω 附以适当的 σ 代数与概率测度 P, 便得到该问题的实验所对应的概率空间. 现在对于

$$\omega = (\omega_1, \omega_2, \cdots)$$

定义

$$x_i(\omega) = \omega_i, \quad i = 1, 2, \cdots.$$

那么 x_i 表示第 i 次出现点数的随机变量, 因此等式组

(1) $P(x_i = 1) = P(x_i = 2) = \cdots = P(x_i = 6) = \dfrac{1}{6}$

必须对所有的 i 均成立, 并且

(2) $x_1, x_2, x_3, \cdots$ 相互独立

也是必要的.

这两个条件是对概率测度 P 的确定方法的要求, 只有引入满足这两个条件的概率测度, 才能建成研究实验的数学模型, 这样为了运用概率论便产生了建立概率空间的必要性.

除了以上实际应用问题以外, 其他场合也孕育了建立概率空间的必要性. 概率论中的大部分定理都是从对一个或多个随机变量的假定开始推导某些结论的, 这时概率空间总是隐于其中的. 可是当"满足定理假定的随机变量不存在", 即"在任何概率空间上满足假定的随机变量均不存

在"出现时, 该定理将无意义, 因此构造承载满足某种条件的随机变量的概率空间即使在纯粹数学中也是必要的. 构造关联的概率空间与其上定义的随机变量的这项工作, 称为构建满足如此这般条件的随机变量组. 概率空间的存在原本是理论上的存在, 其对应的试验在事实上是否发生是另外一回事.

本章介绍构建概率空间的常用定理及其应用.

§19 扩张定理(I)

假设 Ω 是任意空间, $\mathscr{F}'$ 是 Ω 上的**有限可加族**, 即 $E \in \mathscr{F}'$ 蕴涵 $\Omega - E \in \mathscr{F}'$, 并且 $E, E' \in \mathscr{F}'$ 蕴涵 $E \cup E' \in \mathscr{F}'$. 给定定义在 $\mathscr{F}'$ 上的集函数 P', 如果 $P'(E') \geqslant 0, P'(\Omega) = 1$ 并且当 $E \cap E' = \varnothing$ 时, $P'(E \cup E') = P'(E) + P'(E')$, 则称 P' 为 $(\Omega, \mathscr{F}')$ 上的**有限可加概率测度**. 一般地, 导入有限可加概率测度比较容易, 我们首先引入它, 然后将其扩张为 (完全可加) 概率测度, 为此下面定理是有用的.

定理 19.1(扩张定理) 假设 $\mathscr{F}'$ 是 Ω 上的有限可加族, $\mathscr{F}$ 是包含 $\mathscr{F}'$ 的最小 σ 代数. 又设 P' 是 $(\Omega, \mathscr{F}')$ 上的有限可加概率测度, 则存在 P' 到 $(\Omega, \mathscr{F})$ 的扩张的概率测度 P 的充分必要条件是 P' 在 $\mathscr{F}'$ 上是完全可加的, 即对于 $\mathscr{F}'$ 中两两互不相交的任意集合 $E'_1, E'_2, \cdots$, 其并集 E' 属于 $\mathscr{F}'$, 我们有

(1) $P'(E') = \sum\limits_{i=1}^{\infty} P'(E'_i)$.

进一步有, 此条件满足时这个扩张是唯一的.

注 由于 P' 是有限可加概率测度, 定理中的条件与以下条件之一等价.

(2) $E'_1, E'_2, \cdots, E' \in \mathscr{F}', E'_1 \subset E'_2 \subset \cdots \longrightarrow E'$ 蕴涵

$$\lim_{n \to \infty} P'(E'_n) = P'(E').$$

(3) $E_1', E_2', \cdots, E' \in \mathscr{F}'$, $E_1' \supset E_2' \supset \cdots \longrightarrow E'$ 蕴涵

$$\lim_{n \to \infty} P'(E_n') = P'(E').$$

(4) $E_1', E_2', \cdots \in \mathscr{F}'$, $E_1' \supset E_2' \supset \cdots \longrightarrow \varnothing$ 蕴涵

$$\lim_{n \to \infty} P'(E_n') = 0.$$

证明　根据 E. Hopf [1]，必要性是显然的，我们仅需证明充分性.

对任意 $E \subset \Omega$，定义

(5) $\bar{P}(E) = \inf \left\{ \sum P'(E_i'); \ E \subset \bigcup\limits_{i=1}^{\infty} E_i', \ E_i' \in \mathscr{F}' \right\}.$

则 $\bar{P}$ 是 Carathéodory 外测度，这样

(6) $\bar{P}\left(\bigcup\limits_{i=1}^{\infty} E_i \right) \leqslant \sum\limits_{i=1}^{\infty} \bar{P}(E_i).$

其次，对于任意 $W \subset \Omega$，称满足等式

(7) $\bar{P}(W) = \bar{P}(E \cap W) + \bar{P}(W - E \cap W)$

的集合 E 为 **Carathéodory 意义下可测 ($\bar{P}$) 的**. 根据测度论中的 Carathéodory 定理，这种可测集合 E 的全体 $\bar{\mathscr{F}}$ 构成一个 σ 代数，并且 $\bar{P}$ 是 $(\Omega, \bar{\mathscr{F}})$ 上的概率测度.

接下来证明 $\bar{\mathscr{F}} \supset \mathscr{F}$，由 $\mathscr{F}$ 的定义我们仅需要证明 $\bar{\mathscr{F}} \supset \mathscr{F}'$，即证明属于 $\mathscr{F}'$ 的集合 E' 在 Carathéodory 意义下是可测 ($\bar{P}$) 的即可. 假设 W 是 Ω 的任意子集，$W \subset \cup E_i'$ 并且 $E', E_1', E_2', \cdots \in \mathscr{F}'$，则

(8) $E' \cap W \subset \cup(E' \cap E_i')$,

(9) $W - (E' \cap W) \subset \cup(E_i' - (E' \cap E_i')).$

因此，

$$\sum P'(E_i') = \sum P'(E' \cap E_i') + \sum P'(E_i' - (E_i' \cap E'))$$

$$\geqslant \bar{P}(E' \cap W) + \bar{P}(W - E' \cap W),$$

左边取下确界我们获得

$$\bar{P}(W) \geqslant \bar{P}(E' \cap W) + \bar{P}(W - E' \cap W),$$

但是, (6) 蕴涵

$$\bar{P}(W) \leqslant \bar{P}(E' \cap W) + \bar{P}(W - E' \cap W),$$

这样 $\bar{P}(W) = \bar{P}(E' \cap W) + \bar{P}(W - E' \cap W)$. 换句话说, E' 在 Carathéodory 意义下是可测 $(\bar{P})$ 的.

从而, 对属于 $\mathscr{F}$ 的集合 E, 如果定义 P 使得 $P(E) = \bar{P}(E)$, 那么 P 是 $(\Omega, \mathscr{F})$ 上的概率测度. 剩余的仅是对于任意的 $E' \in \mathscr{F}'$ 证明 $P'(E') = P(E')$ 成立. 为此取

(10) $E' \subset \cup E'_i$ $E', E'_1, E'_2, \ldots \in \mathscr{F}'$.

注意 P' 在 $\mathscr{F}'$ 中是完全可加的, 则

$$\sum P'(E'_i) \geqslant \sum P'(E' \cap E'_i) \geqslant P'(E'),$$

所以

$$\bar{P}(E') \geqslant P'(E').$$

另外 $E' \subset E' \cup \varnothing \cup \varnothing \cup \cdots$ 蕴涵 $\bar{P}(E') \leqslant P'(E')$, 这样 $\bar{P}(E') = P'(E')$ 成立, 进一步可得 $P(E') = P'(E')$. 最后, 我们能很容易地证明扩张是唯一的. 定理证毕.   □

§20　扩张定理(II)

同时考虑无限个试验时常常需要 Kolmogoroff[1] 扩张定理, 现在叙述之. 首先给出几个概念. 给定任意 (指标) 集合 A, 对 A 中的所有元素 α 都给定一实数与其对应, 上述对应的全体记成 $\mathbb{R}^A$, $\mathbb{R}^A$ 中的元素是形如 $(\omega_\alpha; \alpha \in A)$ 的. 例如 $\mathbb{R}^{\mathbb{R}}$ 是所有实函数的全体. 定义 $\mathbb{R}^A$ 到 $\mathbb{R}^n$ 的映射如下:

(1) $p_{\alpha_1,\alpha_2,\cdots,\alpha_n}(\omega) = (\omega_{\alpha_1}, \omega_{\alpha_2}, \cdots, \omega_{\alpha_n})$, 　$\omega = (\omega_\alpha; \alpha \in A)$.

假设 E' 是 $\mathbb{R}^n$ 上的 Borel 集合, 称 $p^{-1}_{\alpha_1,\alpha_2,\cdots,\alpha_n}(E')$ 为 $(\alpha_1, \alpha_2, \cdots, \alpha_n)$ 上的 **Borel 柱集**, 这种集合的全体构成 $\mathbb{R}^A$ 上的 σ 代数. 称此 σ 代数为 $(\boldsymbol{\alpha_1, \alpha_2, \cdots, \alpha_n})$ **上的 Borel 集合族**, 记成 $\mathscr{F}_{\alpha_1,\alpha_2,\cdots,\alpha_n}$. 根据 $\alpha_1, \alpha_2, \cdots, \alpha_n$ 的取法, 我们可以获得各种各样的 $\mathscr{F}_{\alpha_1,\alpha_2,\cdots,\alpha_n}$, 包含所有这些 σ 代数的最小 σ 代数设为 $\mathscr{F}$. 属于 σ 代数 $\mathscr{F}$ 的集合叫作 $\mathbb{R}^A$ **上的 Borel 集合**.

定理 20.1 (A. Kolmogorov) 　给定 $\mathbb{R}^A$ 上的集函数 P, 如果对于 A 的任意有限子集 $\alpha_1, \alpha_2, \cdots, \alpha_n$, P 均是 $(\mathbb{R}^A, \mathscr{F}_{\alpha_1,\alpha_2,\cdots,\alpha_n})$ 上的概率测度, 则 P 能被扩张成 $(\mathbb{R}^A, \mathscr{F})$ 上的概率测度.

证明　显然, P 是 $(\mathbb{R}^A, \mathscr{F}_{\alpha_1,\alpha_2,\cdots,\alpha_n})$ 上的有限可加概率测度. 因此根据 §19 的扩张定理可知, 我们需要证明

(2) $E_1 \supset E_2 \supset \cdots$($E_i$是柱集),

(3) $P(E_i) > \varepsilon_0$ 　$(i = 1, 2, \cdots)$,

蕴涵

(4) $\bigcap_i E_i \neq \varnothing$.

其中 $E_i(i = 1, 2, \cdots)$ 是柱集. 如果所有的 E_i 均属于 $\mathscr{F}_{\alpha_1,\alpha_2,\cdots,\alpha_n}$, 由于 P 是 $(\mathbb{R}^A, \mathscr{F}_{\alpha_1,\alpha_2,\cdots,\alpha_n})$ 上的概率测度, 那么 (4) 是显然的. 因此, 不失一般性我们假设存在 $\alpha_1, \alpha_2, \cdots$ 使得

(5) $E_i \in \mathscr{F}_{\alpha_1,\alpha_2,\cdots,\alpha_i}$.

(例如, 在 $E_1 \in \mathscr{F}_{\beta_1\beta_2}$ 的情形下, 若令 $E'_1 = \Omega, E'_2 = E_1$, 则 $E'_1 \in \mathscr{F}_{\beta_1}, E'_2 \in \mathscr{F}_{\beta_1\beta_2}$. 接下来只要讨论与用这个方法得到的、与 $E'_1, E'_2, \cdots$ 相关的问题即可.)

首先, 满足以下条件的 V_n 存在:

(6) $E_n \supset V_n$;

(7) $P(E_n - V_n) < \dfrac{\varepsilon_0}{2^{n+1}}$;

(8) $U_n \equiv P_{\alpha_1, \alpha_2, \cdots, \alpha_n}(V_n)$ 是 $\mathbb{R}^n$ 上的有界闭集合.

其次, 设

(9) $W_n \equiv V_1 \cap V_2 \cap \cdots \cap V_n$,

则

$$(10)\ P(E_n - W_n) = P\left(\bigcup_{i=1}^{n} (E_n - (V_i \cap E_n)) \right)$$
$$\leqslant P\left(\bigcup_{i=1}^{n} (E_i - V_i) \right) < \sum_{i=1}^{n} \frac{\varepsilon_0}{2^{i+1}} < \frac{\varepsilon_0}{2}.$$

据此由 (10) 并注意到 $W_n \subset V_n \subset E_n$, 我们获得

$$(11)\ P(W_n) > P(E_n) - \frac{\varepsilon_0}{2} > \frac{\varepsilon_0}{2}.$$

从而 $W_n \neq \varnothing$. 分别在 $W_n(n = 1, 2, \cdots)$ 中取点 $\xi^{(n)}, n = 1, 2, \cdots$ 并令

(12) $\xi^{(n)} \equiv (\omega_\alpha^{(n)}; \alpha \in A)$,

则 $\xi^{(n+p)} \in W_{n+p} \subset V_n \ (p = 0, 1, 2, \cdots)$, 并且

(13) $\{\omega_{\alpha_1}^{(n+p)}, \omega_{\alpha_2}^{(n+p)}, \cdots, \omega_{\alpha_n}^{(n+p)}\} \subset p_{\alpha_1, \alpha_2, \cdots, \alpha_n}(V_n) = U_n(p = 0, 1,$

$2, \cdots)$.

根据 (8), $\{\omega_{\alpha_n}^{(1)}, \omega_{\alpha_n}^{(2)}, \cdots, \omega_{\alpha_n}^{(n)}, \cdots\}$ 是实数列 (由 (8) 与 (13) 可知第 n 项以后均有界, 因此与前面的 $n-1$ 项一起是有界的), 于是存在收敛的子列, 因此根据对角线法, 存在使得 $\{\omega_{\alpha_n}^{(s^1)}, \omega_{\alpha_n}^{(s^2)}, \cdots, \omega_{\alpha_n}^{(s^n)}, \cdots\}$ 收敛的且与 n 无关的 $\{s^1, s^2, \cdots\}$, 将此子列的极限记成 ω_n. 定义

(14) $\omega_{\alpha_n} = \omega_n, \qquad n = 1, 2, \cdots$,

$\quad\quad \omega_\alpha = 0, \qquad \alpha \neq \alpha_1, \alpha_2, \cdots$.

因此根据 U_n 是闭集合可得 $(\omega_1, \omega_2, \cdots, \omega_n)$ 属于 U_n, 即 $(\omega_\alpha; \alpha \in A)$ 属于 V_n, 继而属于 E_n, 故 $\bigcap\limits_{n} E_n \neq \varnothing$. $\qquad\qquad \square$

§21 Markov 链

A. Markov 考虑了下面的试验序列.

(1) 各试验的结果是有限的, 试验的结果依次记成 $1, 2, \cdots, m$;

(2) 第一次试验的结果是 $1, 2, \cdots, m$ 的概率分别为 $p_1, p_2, \cdots, p_m$；

(3) 前 n 次试验的结果为 $i_1, i_2, \cdots, i_n$ 时，第 $(n+1)$ 次试验的结果是 i 的 (条件) 概率为 $p_{i_1, i_2, \cdots, i_n, i}$.

这里使用的概率或条件概率的概念可以按通常的方式理解，然而对应的试验序列若能构造如下的概率空间，就能与第 1 章叙述过的概率或条件概率一致，为此就需要前节介绍的扩张定理.

首先，假设概率空间 Ω 的点是表示无限次试验的结果的序列，记为 ω 或者 $(\omega_1, \omega_2, \cdots)$. 今对于

$$\omega = (\omega_1, \omega_2, \cdots, \omega_i, \cdots)$$

假设

$$x_i(\omega) = \omega_i$$

则 x_i 表示第 i 次试验的结果，因此当概率空间确定后其应该成为随机变量，表示出拥有与 $x_1, x_2, \cdots$ 关联的条件，并使得其条件成立的 ω 的集合符合至今为止的思路.

我们的目的是在 Ω 上定义概率测度 P，使得

(4) $P(x_{n+1} = i \mid (x_1 = i_1, x_2 = i_2, \cdots, x_n = i_n)) = p_{i_1, i_2, \cdots, i_n, i}$,

$P(x_1 = i) = p_i$.

对于 Ω 的柱集 $(x_1 = i_1, x_2 = i_2, \cdots, x_n = i_n)$,

(5) $P(x_1 = i_1, x_2 = i_2, \cdots, x_n = i_n) = p_{i_1} p_{i_1, i_2} p_{i_1, i_2, i_3} \cdots p_{i_1, i_2, \cdots, i_n}$，给定一个概率测度，此为前节定理中的 P'. 将其扩张可以定义 Ω 上的概率分布. Ω 上的完全加法族 $\mathscr{F}$ 由前节思路确定，$(\Omega, \mathscr{F}, P)$ 即为所求的概率空间.

对于给定的族 $\{p_{i_1, i_2, \cdots, i_n}\}$，上面的构造成立的充分必要条件为

(6) $\sum\limits_{i_n=1}^{m} p_{i_1, i_2, \cdots, i_n} = 1$

对所有 $i_1 i_2 \cdots i_{n-1}$ 的组合以及所有的 n 成立.

Markov 考虑的试验序列应用极为广泛，我们称其为 **Markov 链**. 然而如果能构造上面的概率空间的话，那么该概率空间也只不过是一个随机变量序列，但是这样的考虑更为方便且符合实际.

例 1   投掷骰子若干次，观察出现的点数，就构成一个 Markov 链，其中 $m = 6$ 并且

(7) $p_1 = p_2 = \cdots = p_6 = \dfrac{1}{6}$,

$$p_{i_1 i_2 \cdots i_n} = \frac{1}{6} \qquad (1 \leqslant i_1, i_2, \cdots, i_n \leqslant 6,\ n = 1, 2, \cdots).$$

例 2   两个罐 U 和 V 分别装有相同的黑球与白球，其数量如下：

		黑球	白球	合计
(8)	U	u_1	u_2	$u_1 + u_2$
	V	v_1	v_2	$v_1 + v_2$
	合计	$u_1 + v_1$	$u_2 + v_2$	$u_1 + u_2 + v_1 + v_2$.

现将两罐中的球依次任意取出并相互交换，这样反复地操作便可以获得一个 Markov 链. U 和 V 中的黑白球数是试验的结果，可由 U 中黑球的个数确定，设其为 r，结果如下表：

		黑球	白球	合计
(9)	U	r	$u_1 + u_2 - r$	$u_1 + u_2$
	V	$u_1 + v_1 - r$	$v_2 - u_1 + r$	$v_1 + v_2$
	合计	$u_1 + v_1$	$u_2 + v_2$	$u_1 + u_2 + v_1 + v_2$.

因此，如果第 n 次交换后 U 和 V 中黑球个数与白球个数依次设为 $u_1^{(n)}$, $u_2^{(n)}, v_1^{(n)}, v_2^{(n)}$，那么当 $u_1^{(n)}$ 已知时其余的可由 (9) 获得，而 $u_1^{(n)}$ 的值最多是可数个. $p := p_{u_1^{(1)}, u_1^{(2)}, \cdots, u_1^{(n)}}$ 仅需要由 $u_1^{(n-1)}$ 与 $u_1^{(n)}$ 就可确定，并且其值如下：

(10) 如果 $\left| u_1^{(n)} - u_1^{(n-1)} \right| \geqslant 2$, 则 $p = 0$;

(11) 如果 $u_1^{(n)} - u_1^{(n-1)} = 1$， 则 $p = \dfrac{u_2^{(n-1)} v_1^{(n-1)}}{(u_1 + u_2)(v_1 + v_2)}$;

(12) 如果 $u_1^{(n)} - u_1^{(n-1)} = -1$, 则 $p = \dfrac{u_1^{(n-1)} v_2^{(n-1)}}{(u_1 + u_2)(v_1 + v_2)}$;

(13) 如果 $u_1^{(n)} - u_1^{(n-1)} = 0$, 则

$$p = \frac{u_1^{(n-1)} v_1^{(n-1)} + u_2^{(n-1)} v_2^{(n-1)}}{(u_1 + u_2)(v_1 + v_2)},$$

这里 $u_2^{(n-1)}, v_1^{(n-1)}, v_2^{(n-1)}$ 是根据 $u_1^{(n-1)}$ 由 (9) 导出的量.

像这个例子那样, 如果前一次的结果已知, 第 n 次出现结果的概率能被完全确定, 并且其结果与以前发生的结果无关, 那么这个序列就称为**简单的**或**无记忆的**(无后效的).

另外, 从序列 $\{u_1^{(n)}\}$ 可以清楚地了解罐中球的情况, 但是第 n 次从罐中取出的球是黑的还是白的我们并不清楚. 如果 $u_1^{(n)} - u_1^{(n-1)} = 1$, 那么第 n 次取出的是白球; 如果 $u_1^{(n)} - u_1^{(n-1)} = -1$, 那么第 n 次取出的一定是黑球; 可是当 $u_1^{(n)} - u_1^{(n-1)} = 0$ 时, 取出的究竟是白球还是黑球将无法确定. 如果想对其进行确认, 可以按照如下方法来做.

在第 n 次试验中, 将从 U 和 V 取出的球 "黑黑, 黑白, 白黑, 白白" 分别标记成 $1, 2, 3, 4$, 可以获得随机变量序列 $\omega_1, \omega_2, \cdots$, 此构成一个 Markov 链, 它是无记忆的, 如果 $\{\omega_1, \omega_2, \cdots\}$ 是已知的, 那么罐中球的变化情况当然也就清楚了.

第4章　大 数 定 律

§22　大数定律的数学表现

投掷硬币若干次后，约有一半的情况正面朝上，这个事实广为人知，我们称其为**大数定律**. 这个定律的数学表现如下.

如前一章所讲，需要构造与之对应的概率空间. 如用正面为 1、反面为 0 的标记，可得以 1 或 0 为项的序列，这是概率空间 Ω 的点，一般将其记成 ω. 若将 ω 的第 k 项用 x_k 表示，那么此为定义在 Ω 上的函数，x_k 表示第 k 次出现正面还是反面.

(1) $P(x_k = 1) = P(x_k = 0) = \dfrac{1}{2}$　　$(k = 1, 2, 3 \cdots)$,

(2) $x_1, x_2, x_3, \cdots$ 相互独立,

使用这个独立性我们可以引入 Ω 中的概率测度 P，这样就能获得对应试验的概率空间.

若将最初的 n 次投掷中正面出现的次数设为 r，则

(3) $r = x_1 + x_2 + \cdots + x_n$,

并且 r 是此概率空间上的随机变量. 因此，大数定律就是指

(4) $\dfrac{r}{n}$ **大致是** $\dfrac{1}{2}$.

注意，这里"大致"是允许以下两个例外出现的.

(5) 特别地，或许 n 次试验全部出现正面，但这是极少发生的事件，即小概率事件，这样的情况作为例外等于 $\dfrac{1}{2}$.

(6) 即使承认上面的例外，要想准确地等于 $\dfrac{1}{2}$（如 n 是奇数的情况等）也是不可能的，或者极难发生，此时，如果忽略与 $\dfrac{1}{2}$ 的细微差别，那么就

能得到开始讲的 $\frac{1}{2}$.

因此, 大数定律用数学方式表达如下:

"对于任意给定的正数 ε, η, 如果存在充分大的正数 $N(\varepsilon, \eta)$ 使得 $n > N(\varepsilon, \eta)$, 则

$$(7)\ P\left(\left|\frac{r}{n} - \frac{1}{2}\right| > \varepsilon\right) < \eta.$$

η, ε 是与 (5), (6) 所示例外对应的量."

大数定律经常在统计学中使用, 例如日本成年男人的身高是存在个体差异的, 取大量数据平均以后可以获得大致确定的值. 对此如何从数学角度解释呢? 假设有 n 个日本人, 其身高分别为 $x_1, x_2, \cdots, x_n$, 它们均为服从 $\mathbb{R}$-概率测度 P_1 的实值随机变量. 虽然不确定 P_1 是什么, 但它总是根据日本成年男人而定. 另外假设 $x_1, x_2, \cdots, x_n$ 相互独立, 尽管此假设有些随意, 但是如果 $x_1, x_2, \cdots, x_n$ 仅是 n 个成年男人身高的话, 那么依据这样假设将无路可走. (例如, 如果已知双胞胎的身高 x_1, x_2, 那么认为 x_1 与 x_2 独立就是可笑的.) 这样一来, 我们便可以获得承载 $x_1, x_2, \cdots, x_n$ 的概率空间, 其为 n 维实数组的点的集合, 即 $\mathbb{R}^n$. 大数定律是考察 $\frac{1}{n} \sum_{k=1}^{n} x_k$ 大致等于什么值, 这个论点在一些假定下的正确性可从数学角度证明, 而且这时 $\frac{1}{n} \sum_{k=1}^{n} x_k$ 接近的值是 P_1 的均值 $m(P_1)$, 由于 $m(P_1)$ 是根据日本男人确定的量, 因此是有意义的, 并且它与各个体的身高不同, 根据大量的观察可知本质的东西应该是这样解释的.

由上所述, 若从数学角度来刻画经验大数定律, 可以考虑随机变量 $x_1, x_2, \cdots, x_n$ 的均值的极限.

反观投掷硬币, 对于 $\frac{r}{n}$, (7) 成立是指 (无论 n 多大) n 有限时的. 那么当 n 无限增大时该如何呢? 这时我们可以证明

$$(8)\ P\left(\lim_{n \to \infty} \frac{r}{n} = \frac{1}{2}\right) = 1.$$

这称为**强大数定律**, 是 Borel 首先证明的. 作为随机变量序列的极限, $\displaystyle\lim_{n \to \infty} \frac{r}{n}$

当然也是随机变量，并且如果将与概率 (P) 等价的随机变量视为是相同的，那么我们也可以写成

(9) $\lim_{n \to \infty} \dfrac{r}{n} = \dfrac{1}{2}$.

此结果与我们的"经验判断"也是一致的.

相对于强大数定律，(7) 称为 Bernoulli 意义下的大数定律. 本章中主要证明大数定律及与其类似的一些定理.

§23　Bernoulli 大数定律

定理 23.1　假设 $x_1, x_2, \cdots$ 是定义在 $(\Omega, \mathscr{F}, P)$ 上的实值随机变量并且满足

(1) $m(x_1) = m(x_2) = \cdots = m$,

(2) $\sigma(x_1), \sigma(x_2), \cdots < \sigma < \infty$,

(3) $x_1, x_2, \cdots, x_n$ 相互独立，

则对任意的正数 ε, η，存在适当大的正整数 $N(\varepsilon, \eta)$，使得当 $n > N(\varepsilon, \eta)$ 时，

(4) $P\left(\left| \dfrac{x_1 + x_2 + \cdots + x_n}{n} - m \right| > \varepsilon \right) < \eta$.

证明　我们将使用 Bienaymé 不等式(定理 14.1). 由均值与标准差的性质 (定理 9.1，定理 15.3) 可得，

$$m\left(\frac{x_1 + x_2 + \cdots + x_n}{n} \right) = \frac{m(x_1) + m(x_2) + \cdots + m(x_n)}{n}$$
$$= m \text{ (注意 (1) 式)},$$

$$\left(\sigma\left(\frac{x_1 + x_2 + \cdots + x_n}{n} \right) \right)^2 = \frac{(\sigma(x_1))^2 + (\sigma(x_2))^2 + \cdots + (\sigma(x_n))^2}{n^2}$$
$$\leqslant \frac{\sigma^2}{n} \text{ (注意 (2) 式和 (3) 式)}.$$

据此，Bienaymé 不等式蕴涵

$$P\left(\left|\frac{x_1 + x_2 + \cdots + x_n}{n} - m\right| > t\frac{\sigma}{\sqrt{n}}\right) \leqslant \frac{1}{t^2}.$$

取 $t = \sqrt[4]{n}$, 我们获得

$$P\left(\left|\frac{x_1 + x_2 + \cdots + x_n}{n} - m\right| > \frac{\sigma}{\sqrt[4]{n}}\right) \leqslant \frac{1}{\sqrt{n}}.$$

这样我们可以取 $N(\varepsilon, \eta) = \max\left\{\dfrac{\sigma^4}{\varepsilon^4}, \dfrac{1}{\eta^2}\right\}$ 并且 (4) 成立.　　　　□

此定理有如下扩张.

定理 23.2　如果 $x_1, x_2, \cdots, x_n$ 是满足 (2), (3) 的实值随机变量序列, 则对任意的正数 ε, η, 存在适当大的正整数 $N(\varepsilon, \eta)$, 使得当 $n > N(\varepsilon, \eta)$ 时,

$$(5)\ P\left(\left|\frac{x_1 + x_2 + \cdots + x_n}{n}\right.\right.$$
$$\left.\left. - \frac{m(x_1) + m(x_2) + \cdots + m(x_n)}{n}\right| > \varepsilon\right) < \eta.$$

证明　取 $y_k = x_k - m(x_k)$, $k = 1, 2, \cdots, n$, 则

$$m(y_k) = m(x_k) - m(x_k) = 0, \quad \sigma(y_k) = \sigma(x_k).$$

所以 $\{y_k\}$ 满足定理 23.1 的所有条件 (同时 $m = 0$). 于是关于 $\{y_k\}$ 的 (4) 成立, 这便是 (5).　　　　□

注　投掷硬币的例子是 $P(x_i = 0) = P(x_i = 1) = \dfrac{1}{2}$, 即 $m(x_i) = \dfrac{1}{2}$ 并且 $\sigma(x_i) = \dfrac{1}{2}$.

§24　中心极限定理

前节的定理指出, 当 $n \to \infty$ 时 $\dfrac{1}{n}\left(\displaystyle\sum_{k=1}^{n} x_k - \sum_{k=1}^{n} m(x_k)\right)$ 的分布趋向于所谓的单位概率测度 (在 0 处的概率为 1 的 $\mathbb{R}$-概率测度). 为了进一步

详细地考察这个收敛，我们要研究 $\dfrac{1}{\sqrt{n}}\left(\sum\limits_{k=1}^{n}x_k-\sum\limits_{k=1}^{n}m(x_k)\right)$ 的分布.

这种研究已经由 Laplace 完成了. Laplace 证明了, 在发生概率为 p 的随机事件的 n 次独立重复试验中, 当设其发生的次数为 r 时, $\dfrac{r-np}{\sqrt{n}}$ 的分布趋向于均值为 0、标准差为 $\sqrt{p(1-p)}$ 的 Gauss 分布. 因此, 前节的大数定律被导出, 这便是在本节叙述的如下定理中取

$$P(x_i=1)=p,\quad P(x_i=0)=1-p,\quad i=1,2,\cdots$$

所得到的结果.

定理 24.1 (中心极限定理) 假设 $x_1, x_2, \cdots$ 是满足如下条件的随机变量序列:

(1) $x_1, x_2, \cdots, x_n$ 相互独立,

(2) $|x_1|, |x_2|, \cdots < a$ (或者 $P(|x_i|<a)=1,\ i=1,2,\cdots$),

(3) $b_n^2=(\sigma(x_1))^2+(\sigma(x_2))^2+\cdots+(\sigma(x_n))^2\to\infty\ (n\to\infty)$.

记 $S_n=x_1+x_2+\cdots+x_n$, 则

(4) $\dfrac{S_n-m(S_n)}{\sigma(S_n)}$ 的分布趋向于均值为 0、标准差为 1 的 Gauss 分布.

证明 $x_1, x_2, \cdots, x_n$ 相互独立, 由此可得

(5) $\sigma(S_n)=b_n$.

我们可以假设 $m(x_1)=m(x_2)=\cdots=m(x_n)=0$, 这样也不会失去一般性. 这样 $m(S_n)=0$. 取

(6) $y_n=\dfrac{S_n}{b_n}$.

我们的目的是想证明 P_{y_n} 收敛于均值为 0、标准差为 1 的 Gauss 分布. 为此我们将使用特征函数与定理 17.1. 首先, 定义 16.1 的推论 1 显然蕴涵

(7) $\varphi_{P_{y_n}}(z)=\varphi_{y_n}(z)=\varphi_{S_n}\left(\dfrac{z}{b_n}\right)$.

进一步, 如果注意到 S_n 是独立随机变量的和, 那么我们就能获得

(8) $\varphi_{S_n}\left(\dfrac{z}{b_n}\right) = \prod_{k=1}^{n} \varphi_{x_k}\left(\dfrac{z}{b_n}\right).$

但是，$\varphi_{x_k}\left(\dfrac{z}{b_n}\right) = m(\mathrm{e}^{\mathrm{i}\frac{z}{b_n}x_k})$ 并且

$$\mathrm{e}^{\mathrm{i}\frac{z}{b_n}x_k} = 1 + \mathrm{i}\frac{x_k}{b_n}z - \frac{x_k^2}{2b_n^2}z^2 + \frac{1}{6}\left(\frac{x_k}{b_n}z\right)^3\theta_{k,n} \quad (|\theta_{k,n}| < \mathrm{e}^{\frac{|z|a}{b_n}}),$$

于是

(9) $\varphi_{x_k}\left(\dfrac{z}{b_n}\right) = 1 - \dfrac{(\sigma(x_k))^2}{2b_n^2}z^2 + \dfrac{1}{6}\dfrac{a}{b_n}\dfrac{(\sigma(x_k))^2}{b_n^2}z^3 \cdot \varphi_{k,n},$

这里 $|\varphi_{k,n}| < \mathrm{e}^{\frac{|z|a}{b_n}}$. 第三项可由如下估计得到

$$|m(x_k^3)| \leqslant m(ax_k^2) = am(x_k^2) = a(\sigma(x_k))^2.$$

现在，假设 (9) 式第二项以后的和为 $\alpha_{n,k}(z)$，并限定 $|z| \leqslant C$，则

(10) $\max\limits_{1\leqslant k\leqslant n}|\alpha_{n,k}| \leqslant \dfrac{a^2}{2b_n^2}C^2 + \dfrac{1}{6}\left(\dfrac{a}{b_n}\right)^3 C^3 \mathrm{e}^{\frac{Ca}{b_n}},$

(11) $\sum\limits_{k}\alpha_{n,k}(z) = -\dfrac{\sum\limits_{k}(\sigma(x_k))^2}{2b_n^2}z^2 + \dfrac{1}{6}\dfrac{a}{b_n}\dfrac{\sum\limits_{k}(\sigma(x_k))^2}{b_n^2}z^3\varphi$

$\qquad\qquad\quad = -\dfrac{1}{2}z^2 + \dfrac{1}{6}\dfrac{a}{b_n}z^3\varphi,$

其中 $|\varphi| < \mathrm{e}^{\frac{Ca}{b_n}}$ 并且

$$\left|\sum_{k}\alpha_{n,k}(z) - \left(-\frac{1}{2}z^2\right)\right| < \frac{1}{6}\frac{a}{b_n}C^3\mathrm{e}^{\frac{Ca}{b_n}}.$$

这样，令 $n \to \infty$，在 $|z| \leqslant C$ 上，

(12) $\max\limits_{1\leqslant k\leqslant n}|\alpha_{n,k}(z)|$ 一致收敛于零，

并且

(13) $\sum\limits_{k}\alpha_{n,k}(z)$ 一致收敛于 $-\dfrac{1}{2}z^2$.

从而，$\prod\limits_{k=1}^{n}(1+\alpha_{n,k}(z))$ 即 $\varphi_{S_n}\left(\dfrac{z}{b_n}\right)$ 在 $|z| \leqslant C$ 上一致收敛于 $\mathrm{e}^{-\frac{1}{2}z^2}$（参看下面的引理）. C 的任意性蕴涵 $\varphi_{S_n}\left(\dfrac{z}{b_n}\right)$ 在 $(-\infty,\infty)$ 上广义一致收敛于

$\mathrm{e}^{-\frac{1}{2}z^2}$, 而 $\mathrm{e}^{-\frac{1}{2}z^2}$ 是均值为 0、标准差为 1 的 Gauss 分布的特征函数, 因此由定理 17.1 我们获得结论 (4). $\qquad\square$

在定理证明的最后部分使用的方法, 依据的是如下引理.

引理 假设 $\max\limits_{1\leqslant k\leqslant n}|\alpha_{n,k}(z)|$ 在 $|z|\leqslant C$ 上一致收敛于零, $\sum\limits_{k}\alpha_{n,k}(z)$ 在 $|z|\leqslant C$ 上一致收敛于 $\alpha(z)$. 如果 $\sum\limits_{k=1}^{n}|\alpha_{n,k}(z)|\ (n=1,2,\cdots)$ 在 $|z|\leqslant C$ 上一致有界, 那么 $\prod\limits_{k=1}^{n}(1+\alpha_{n,k}(z))$ 在 $|z|\leqslant C$ 上一致收敛于 $\mathrm{e}^{\alpha(z)}$.

证明 计算 $\ln\prod\limits_{k=1}^{n}(1+\alpha_{n,k}(z))$ 即可. $\qquad\square$

注意, 本定理结论中收敛的意思原本为 §12 所述的对于距离 ρ 所言的. 但是, 由于 Gauss 分布没有不连续点, 所以定理 12.2 蕴涵当 $n\to\infty$ 时,

$$(14)\quad P\left(\lambda_1 < \frac{S_n - m(S_n)}{\sigma(S_n)} \leqslant \lambda_2\right) \longrightarrow \int_{\lambda_1}^{\lambda_2}\frac{1}{\sqrt{2\pi}}\mathrm{e}^{-\frac{\lambda^2}{2}}\mathrm{d}\lambda.$$

§25　强大数定律

定理 25.1 (强大数定律) 假设 $x_1, x_2, \cdots$ 是定义在 $(\Omega, \mathscr{F}, P)$ 上的实值随机变量并且满足

(1) $\sigma(x_1), \sigma(x_2), \cdots < \sigma < \infty$,

(2) $x_1, x_2, \cdots, x_n$ 相互独立,

则我们有

$$(3)\quad P\bigg(\lim_{n\to\infty}\bigg(\frac{x_1+x_2+\cdots+x_n}{n}$$
$$-\frac{m(x_1)+m(x_2)+\cdots+m(x_n)}{n}\bigg)=0\bigg)=1.$$

为了证明这个定理我们先给出另外两个定理.

定理 25.2 (Kolmogorov 不等式) 假设 $x_1, x_2, \cdots$ 是定义在 $(\Omega, \mathscr{F}, P)$

上的实值随机变量, 并且满足

(4) $x_1, x_2, \cdots, x_n$ 相互独立;

(5) $m(x_1) = m(x_2) = \cdots = m(x_n) = 0$.

令 $b = \sigma(x_1 + x_2 + \cdots + x_n) \neq 0$, 则我们有

(6) $P\left(\max\limits_{1 \leqslant k \leqslant n} |x_1 + x_2 + \cdots + x_k| \geqslant tb\right) \leqslant \dfrac{1}{t^2}$.

证明　首先, 记

(7) $S_k = x_1 + x_2 + \cdots + x_k, \qquad T_k = \max\limits_{1 \leqslant h \leqslant k} |S_h|$,

(8) $E_k = \{T_k \geqslant tb\}, E_k' = \{|S_k| \geqslant tb\}, E_k'' = (\Omega - E_{k-1}) \cap E_k'$,

其中 $E_0 = \varnothing$, 则 $E_1'', E_2'', \cdots, E_n''$ 两两互不相交并且

(9) $E_n = E_1'' \cup E_2'' \cup \cdots \cup E_n''$.

从而,

(10) $b^2 = m\left[(x_1 + x_2 + \cdots + x_n)^2\right]$

$$\geqslant \sum_{k=1}^{n} \int_{E_k''} (x_1 + x_2 + \cdots + x_n)^2 P(\mathrm{d}\omega),$$

据此由 E_k'' 中对 $x_1, x_2, \cdots, x_k$ 的限制条件可知,

(11) $\displaystyle\int_{E_k''} (x_1 + x_2 + \cdots + x_n)^2 P(\mathrm{d}\omega)$

$$= \int_{E_k''} m_k\left[(x_1 + x_2 + \cdots + x_n)^2\right] P_k(\mathrm{d}x_1 \mathrm{d}x_2 \cdots \mathrm{d}x_k),$$

这里 P_k 是 $x_1, \cdots, x_k$ 的联合分布, $m_k\left[(x_1 + \cdots + x_n)^2\right]$ 表示 $(x_1, \cdots, x_k)$ 给定时的条件均值. 此时

$$
\begin{aligned}
m_k\left[(x_1 + x_2 + \cdots + x_n)^2\right] = {} & (x_1 + x_2 + \cdots + x_k)^2 \\
& + 2(x_1 + x_2 + \cdots + x_k)m_k \\
& (x_{k+1} + \cdots + x_n) \\
& + m_k\left[(x_{k+1} + \cdots + x_n)^2\right].
\end{aligned}
$$

可是 $\{x_{k+1}, \cdots, x_n\}$ 与 $\{x_1, \cdots, x_k\}$ 的独立性蕴涵

$$m_k(x_{k+1} + x_{k+2} + \cdots + x_n)$$
$$= m(x_{k+1} + x_{k+2} + \cdots + x_n) = 0,$$

因此,

$$m_k\big[(x_1 + x_2 + \cdots + x_n)^2\big] \geqslant (x_1 + x_2 + \cdots + x_k)^2.$$

根据 (8), 上式的右边在 E_k'' 上不比 $t^2 b^2$ 小, 所以由 (9), (10) 与 (11) 可得,

$$b^2 \geqslant t^2 b^2 \sum_{k=1}^n P(E_k'') = t^2 b^2 P(E_n).$$

这样

(12) $P(E_n) \leqslant \dfrac{1}{t^2},$

即 (6) 式成立. $\hfill \square$

定理 25.3 (Borel-Cantelli)　假设 $E_1, E_2, \cdots$ 是 $(\Omega, \mathscr{F}, P)$ 上的随机事件, 如果

$$\sum_{k=1}^{\infty} P(E_k) < \infty,$$

则我们有

$$P\left(\bigcap_{n=1}^{\infty} \bigcup_{k=n}^{\infty} E_k\right) = 0 \quad \text{且} \quad P\left(\bigcup_{n=1}^{\infty} \bigcap_{k=n}^{\infty} (\Omega - E_k)\right) = 1.$$

证明　注意

(13) $P\left(\bigcup\limits_{k=n}^{\infty} E_k\right) \leqslant \sum\limits_{k=n}^{\infty} P(E_k),$

从而

(14) $P\left(\bigcap\limits_{n=1}^{\infty} \bigcup\limits_{k=n}^{\infty} E_k\right) = \lim\limits_{n \to \infty} P\left(\bigcup\limits_{k=n}^{\infty} E_k\right)$

$\leqslant \lim\limits_{n \to \infty} \sum\limits_{k=n}^{\infty} P(E_k) = 0.$

这里最后一个等号是显然的，这是因为 $\sum\limits_{k=1}^{\infty} P(E_k) < \infty$. 于是

$$(15)\ P\left(\bigcup_{n=1}^{\infty}\bigcap_{k=n}^{\infty}(\Omega - E_k)\right) = P\left(\Omega - \bigcap_{n=1}^{\infty}\bigcup_{k=n}^{\infty}E_k\right)$$

$$= 1 - 0 = 1. \qquad\qquad\qquad\qquad\qquad \square$$

定理 25.1 的证明　我们可以假设

$$m(x_1) = m(x_2) = \cdots = m(x_n) = 0,$$

这样也能保证不失一般性.

$$(16)\ (\sigma(x_1 + x_2 + \cdots + x_n))^2 = (\sigma(x_1))^2 + (\sigma(x_2))^2 + \cdots + (\sigma(x_n))^2$$

$$\leqslant n\sigma^2,$$

因此由 Kolmogorov 不等式可知，

$$P(T_n \geqslant t\sigma\sqrt{n}) \leqslant \frac{1}{t^2} \qquad (T_n = \max_{1\leqslant k\leqslant n}|x_1 + x_2 + \cdots + x_k|).$$

取 $t = n^{\frac{1}{4}}$，可得

$$P\left(T_n \geqslant \sigma n^{\frac{3}{4}}\right) \leqslant \frac{1}{\sqrt{n}},$$

即

$$P\left(\frac{T_n}{n} \geqslant \frac{\sigma}{\sqrt[4]{n}}\right) \leqslant \frac{1}{\sqrt{n}}.$$

这样再取 $n = 4^k$ 可得，

$$P\left(\frac{T_{4^k}}{4^k} \geqslant \frac{\sigma}{\sqrt{2^k}}\right) \leqslant \frac{1}{2^k} \qquad (k = 1, 2, \cdots),$$

所以

$$\sum_{k=1}^{\infty} P\left(\frac{T_{4^k}}{4^k} \geqslant \frac{\sigma}{\sqrt{2^k}}\right) \leqslant \sum_{k=1}^{\infty} \frac{1}{2^k} = 1 < \infty,$$

根据 Borel-Cantelli 定理，如果取 $\Omega' \equiv \bigcup\limits_{p=1}^{\infty}\bigcap\limits_{k=p}^{\infty}\left\{\dfrac{T_{4^k}}{4^k} < \dfrac{\sigma}{\sqrt{2^k}}\right\}$，那么

$$(17)\ P(\Omega') = 1,$$

因此，对于 $\omega \in \Omega'$，当 k 充分大时 $\dfrac{T_{4^k}}{4^k}$ 将由 $\dfrac{\sigma}{\sqrt{2^k}}$ 上界控制，并且

$$(18)\ \lim_{k \to \infty} \frac{T_{4^k}}{4^k} \leqslant \lim_{k \to \infty} \frac{\sigma}{\sqrt{2^k}} = 0.$$

对于一般的 n，取 k 使得 $4^{k-1} \leqslant n < 4^k$，所以 k 与 n 共同无限增大，并且

$$(19)\ \frac{T_n}{n} \leqslant \frac{T_{4^k}}{4^{k-1}} = 4 \cdot \frac{T_{4^k}}{4^k},$$

于是 $\lim\limits_{n \to \infty} \dfrac{T_n}{n} = 0$，从而 (当然)

$$(20)\ \lim_{n \to \infty} \frac{x_1 + x_2 + \cdots + x_n}{n} = 0.$$

这个等式应该在 Ω' 上总成立. 这样 (17) 与 (20) 蕴涵定理 25.1 成立. □

§26　无规则性的含义

重复投掷硬币，出现正面记为 1，出现反面记为 0。对于这样得到的序列 $\{x_1, x_2, \cdots\}$，前 n 项中 1 的数量 r 与 n 的比记为 $\dfrac{r}{n}$。当 $n \to \infty$ 时，$\dfrac{r}{n}$ 接近于 $\dfrac{1}{2}$ 的这件事情及其数学表现构成强大数定律. 这个性质叫作序列 $\{x_1, x_2, \cdots\}$ 的**频率恒常性**，而 $\lim\limits_{n \to \infty} \dfrac{k}{n}$ 称为**相对频率**. 然而，除了频率恒常性，此序列还有其他性质，即如下叙述的**无规则性**.

在 $x_1, x_2, \cdots$ 中任取子列 $x_{n_1}, x_{n_2}, \cdots$. 是否选取 x_n 可以依据到此为止的结果 $x_1, x_2, \cdots, x_{n-1}$ 来决定，但是假定 x_n 是不清楚的. R. V. Mises 称关联的选择为项位选择 [Stellenauswahl (德文)]. 根据项位选择获得的子列仍然拥有频率恒常性，并且与原来的序列拥有相同的相对频率. 如果 $x_1, x_2, \cdots$ 的排列有规则 (例如 0 没有所谓的连续四次以上的重复排列)，那么取适当的子列，例如通过限定 $x_{n-3} = x_{n-2} = x_{n-1} = 0$ 来选择子列的话，则 x_n 仅可以选择 1，这样获得的子列与原来的子列没有相同的相对频率. 正因为如此，所谓项位选择中的相对频率不变的事实意味着序列

$\{x_1, x_2, \cdots\}$ 无任何规则. 对此 R. V. Mises 将其命名为**无规则性**.

这个**无规则性**在我们的概率空间上是如何刻画的呢? 在考虑这个问题之前, 首先介绍一下刻画项位选择的方法. 给定函数列 $\{f_n(x_1, x_2, \cdots, x_n);$ $n = 0, 1, 2, \cdots\}$, 如果此函数列满足条件

(1) $f_0 = 1$,

(2) $x_1, x_2, \cdots$ 是仅取 1 或 0 的变量,

(3) $f_n(x_1, x_2, \cdots, x_n)$ 等于 0 或 1,

(4) $\sum\limits_{n=1}^{\infty} f_n(x_1, x_2, \cdots, x_n) = \infty$,

则称这个函数列为**选择函数列**. 选择 x_n 与否取决于 $f_{n-1}(x_1, x_2, \cdots, x_{n-1})$ 的值是 0 还是 1, 这便选择了一个项位, 称为依据 $\{f_{n-1}(x_1, x_2, \cdots, x_{n-1})\}$ 的项位选择. 根据前 n 项, 这样选出的元素的个数为 $\sum\limits_{k=1}^{n} f_{k-1}(x_1, x_2, \cdots, x_{k-1})$, 这其中 1 的数量为

$$\sum_{k=1}^{n} x_k f_{k-1}(x_1, x_2, \cdots, x_{k-1}),$$

因此无规则性为

(5) $\lim\limits_{n \to \infty} \dfrac{\sum\limits_{k=1}^{n} x_k f_{k-1}(x_1, x_2, \cdots, x_{k-1})}{\sum\limits_{k=1}^{n} f_{k-1}(x_1, x_2, \cdots, x_{k-1})} = \dfrac{1}{2}$.

但是如果更仔细地思考就可以发现, 即使 $x_1, x_2, \cdots, x_{n-1}$ 已知, 是否选取 x_n, 依据 $\{f_{n-1}(x_1, x_2, \cdots, x_{n-1})\}$ 的值是唯一确定的, 就像一开始就约定好的方法一样, 与实际的项位选择稍微不同. $x_1, x_2, \cdots, x_{n-1}$ 已知时, 选取 x_n 与否不应该唯一被确定, 应该说是由一定概率来确定的, 在此基础上我们做如下考虑.

给定一个函数列 $\{p_n(x_1, x_2, \cdots, x_n);\ n = 0, 1, 2, \cdots\}$, 如果

(6) $0 \leqslant p_0 \leqslant 1$,

(7) $x_1, x_2, \cdots$ 是仅取 1 或 0 的变量,

(8) $0 \leqslant p_n(x_1, x_2, \cdots, x_n) \leqslant 1$,

则称此函数列为**选择概率列**. 当 $x_1 = \lambda_1, x_2 = \lambda_2, \cdots, x_{n-1} = \lambda_{n-1}$ 时, 选取 x_n 的概率为 $p_n(\lambda_1, \cdots, \lambda_n)$, 从而不选 x_n 的概率为 $1 - p_n(\lambda_1, \cdots, \lambda_n)$, 关联的选择称为由选择概率列 $\{p_n(\lambda_1, \lambda_2, \cdots, \lambda_n)\}$ 确定的项位选择. 前面的仅是 $p_n(\lambda_1, \cdots, \lambda_n)$ 取 1 或 0 的特例.

对于这样的选择, 为了刻画相对频率不变, 首先构造概率空间 $(\Omega, \mathscr{F}, P)$. 空间 Ω 中的点是无限数列 $\omega = (\eta_1, \xi_1, \eta_2, \xi_2, \cdots)$, 其中 η_k 表示选取的第 k 项是否为 $\{\eta_k = 1\}$ 或 $\{\eta_k = 0\}$, 而 ξ_k 决定第 k 项是 1 或 0. 为了使语言更简单, 用关于 $\eta_1, \xi_1, \eta_2, \xi_2, \cdots$ 的命题并且让这些命题成立, 来表示所有的 ω. 让我们在 Ω 中导入概率测度 P. 首先,

$$P(\eta_1 = 1) = p_0, \quad P(\eta_1 = 0) = 1 - p_0$$

是明显成立的, 不论 $\eta_1 = 1$ 还是 $\eta_1 = 0$, $\xi_1 = 1$ 的概率总等于 $\frac{1}{2}$, 从而

$$P(\eta_1 = 1, \xi_1 = 1) = p_0 \times \frac{1}{2}, \quad P(\eta_1 = 0, \xi_1 = 1) = (1 - p_0) \times \frac{1}{2},$$

$$P(\eta_1 = 1, \xi_1 = 0) = p_0 \times \frac{1}{2}, \quad P(\eta_1 = 0, \xi_1 = 0) = (1 - p_0) \times \frac{1}{2},$$

进一步,

$$P(\eta_1 = 1, \xi_1 = 1, \eta_2 = 1) = p_0 \times \frac{1}{2} \times p_1(1),$$

$$P(\eta_1 = 1, \xi_1 = 0, \eta_2 = 1) = p_0 \times \frac{1}{2} \times p_1(0)$$

等可由概率列来确定. 这样得到的 P 对于 Ω 的柱集有定义, 由定理 20.1 的处理技巧将其扩张可以获得 Ω 上的概率测度.

如果将在这里得到的概率空间 $(\Omega, \mathscr{F}, P)$ 上的随机变量 y_k, x_k ($k = 1, 2, \cdots$) 如下定义:

(9) $y_k(\omega) = \eta_k$ \quad ($\omega = (\eta_1, \xi_1, \eta_2, \xi_2, \cdots)$),

(10) $x_k(\omega) = \xi_k$,

则 y_k 表示选出的第 k 项是 $\{y_k = 1\}$ 或 $\{y_k = 0\}$, 而 x_k 表示第 k 项是 1 或 0 的随机变量. 显然, x_k 与随机变量 $y_1, x_1, y_2, x_2, \cdots, y_{k-1}, x_{k-1}$ 独

立，$\sum\limits_{k=1}^{n} y_k$ 是从前 n 项选出元素的个数，这其中 1 的数量为

$$\sum_{k=1}^{n} x_k y_k.$$

因此，项位选择下相对频率不变可以表示成

$$(11) \quad \lim_{n\to\infty} \frac{\sum\limits_{k=1}^{n} x_k y_k}{\sum\limits_{k=1}^{n} y_k} = \frac{1}{2},$$

由于在项位选择中选出的应该是无限子列，所以条件

$$(12) \quad P\left(\sum_{k=1}^{\infty} y_k = \infty\right) = 1$$

是必要的. 这对应于选择函数列的条件 (4)，而 (11) 是 (5) 的一般化.

§27　无规则性的证明

在前一节中我们将无规则性作为概率论的定理而加以刻画，本节中我们来将其稍微一般化并给出证明.

定理 27.1　假设 $y_1, x_1, y_2, x_2, \cdots, y_n, x_n, \cdots$ 为 $(\Omega, \mathscr{F}, P)$ 上的随机变量，满足

(1) $\sigma(x_n) \leqslant \sigma$　　$(n = 1, 2, \cdots)$，

(2) x_n 与随机变量 $(y_1, x_1, y_2, x_2, \cdots, y_{n-1}, x_{n-1}, y_n)$ 独立，

(3) $y_1, y_2, \cdots$ 仅取 1 或 0，

(4) $P\left(\sum\limits_{n=1}^{\infty} y_n = \infty\right) = 1$，

则

$$(5) \quad P\left(\lim_{n\to\infty} \frac{\sum\limits_{k=1}^{n} y_k\left(x_k - m(x_k)\right)}{\sum\limits_{k=1}^{n} y_k} = 0\right) = 1.$$

注　前节的例子是 $\sigma = \dfrac{1}{2}, m(x_k) = \dfrac{1}{2}$ 并且 x_k 仅取 1 或 0 的特例.

在定理中, 证明 (5) 可以换成证明下面的结果: 当把使得

(6) $\sum\limits_{k=1}^{\theta} y_k = n$

成立的最小的 θ 设为 θ_n 时,

(7) $P\left(\lim\limits_{n\to\infty} \dfrac{\sum\limits_{k=1}^{\theta_n} y_k \left(x_k - m(x_k)\right)}{n} = 0\right) = 1.$

进一步, 我们可以假设 $m(x_k) = 0$, 这样做不会失去一般性.

现在, 如果类似于 Kolmogorov 不等式 (定理 25.2) 的如下定理能被证明, 那么由类似于强大数定律的证明, 我们就可以给出 (7) 的证明. 下面的定理归功于河田敬义.

定理 27.2　在定理 27.1 的假设下, 如果

(8) $m(x_k) = 0 \quad (k = 1, 2, \cdots),$

那么对于上面的 θ_n, 我们有

(9) $P\left(\max\limits_{1\leqslant k\leqslant \theta_n} |y_1 x_1 + y_2 x_2 + \cdots + y_k x_k| \geqslant t\sigma\sqrt{n}\right) \leqslant \dfrac{1}{t^2}.$

证明　首先让我们用归纳法证明不等式

(10) $m\left[(y_1 x_1 + y_2 x_2 + \cdots + y_{\theta_n} x_{\theta_n})^2\right] \leqslant \sigma^2 n.$

1°　当 $n = 1$ 时, 假设

(11) $E_i = \{y_1 = 0, y_2 = 0, \cdots, y_{i-1} = 0, y_i = 1\}$

　　　$(i = 1, 2, \cdots),$

则 $E_i \cap E_j = \varnothing \ (i \neq j)$, 并且由 (4) 可得

$$\Omega = \bigcup_{i=1}^{\infty} E_i.$$

从而

$$(10) \text{ 的左边} = \sum_{k=1}^{\infty} m\left(x_k^2 \,/\, E_k\right) P(E_k).$$

而 x_k 与 $y_1, y_2, \cdots, y_k$ 独立, 于是 $m\left(x_k^2 \,/\, E_k\right) = m(x_k^2) \leqslant \sigma^2$, 因此

$$(10) \text{ 的左边} \leqslant \sigma^2 \sum_{k=1}^{\infty} P(E_k) = \sigma^2 P(\Omega) = \sigma^2.$$

2°　让我们在假设 (10) 的基础上导出不等式

(12) $m\left[(y_1 x_1 + y_2 x_2 + \cdots + y_{\theta_{n+1}} x_{\theta_{n+1}})^2\right] \leqslant \sigma^2(n+1).$

注意集合

(13) $E_{a_1 a_2 \cdots a_{n+1}} = \{\theta_1 = a_1, \theta_2 = a_2, \cdots, \theta_{n+1} = a_{n+1}\}$

可由关于 $y_1, y_2, \cdots, y_{a_n}, y_{a_{n+1}}$ 的条件确定, 在此条件下使用均值 $m_{a_1 a_2 \cdots a_{n+1}}$ (如果 $P(E_{a_1 a_2 \cdots a_{n+1}}) = 0$, 则 $m_{a_1 a_2 \cdots a_{n+1}} = 0$), 并且考虑到

(14) $\{E_{a_1 a_2 \cdots a_{n+1}}; \ a_1 < a_2 < \cdots < a_{n+1}\}$ 两两互不相交, 同时

(15) $\Omega = \cup E_{a_1 a_2 \cdots a_{n+1}},$

我们获得

(16)　　$m\left[(y_1 x_1 + y_2 x_2 + \cdots + y_{\theta_{n+1}} x_{\theta_{n+1}})^2\right]$

$$= \sum m_{a_1 a_2 \cdots a_{n+1}}\left((x_{a_1} + x_{a_2} + \cdots + x_{a_{n+1}})^2\right) P\left(E_{a_1 a_2 \cdots a_{n+1}}\right).$$

又由于 $E_{a_1 a_2 \cdots a_{n+1}}$ 可由关于 $y_1, y_2, \cdots, y_{a_n}, y_{a_{n+1}}$ 的条件确定, 则

(17) $m_{a_1 a_2 \cdots a_{n+1}}\left((x_{a_1} + x_{a_2} + \cdots + x_{a_{n+1}})^2\right)$

$$= m_{a_1 a_2 \cdots a_{n+1}}\left(m_{n+1}\left((x_{a_1} + x_{a_2} + \cdots + x_{a_{n+1}})^2\right)\right),$$

这里 m_{n+1} 是给定 $y_1, x_1, y_2, x_2, \cdots, y_{a_{n+1}}, x_{a_{n+1}}$ 时的条件均值, 并且

$$m_{n+1}\left((x_{a_1} + x_{a_2} + \cdots + x_{a_{n+1}})^2\right)$$
$$= (x_{a_1} + x_{a_2} + \cdots + x_{a_n})^2$$
$$+ 2(x_{a_1} + x_{a_2} + \cdots + x_{a_n}) m_{n+1}(x_{a_{n+1}}) + m_{n+1}(x_{a_{n+1}}^2).$$

但是 $x_{a_{n+1}}$ 与 $(y_1, x_1, y_2, x_2, \cdots, y_{a_{n+1}}, x_{a_{n+1}})$ 独立, 所以

$$m_{n+1}(x_{a_{n+1}}) = m(x_{a_{n+1}}) = 0, \quad m_{n+1}(x_{a_{n+1}}^2) = m(x_{a_{n+1}}^2) \leqslant \sigma^2,$$

于是

(18) $m_{n+1}\left((x_{a_1} + x_{a_2} + \cdots + x_{a_{n+1}})^2\right)$

$\qquad \leqslant (x_{a_1} + x_{a_2} + \cdots + x_{a_n})^2 + \sigma^2.$

将 (18) 代入 (17) 得

$$m_{a_1 a_2 \cdots a_{n+1}}\left((x_{a_1} + x_{a_2} + \cdots + x_{a_{n+1}})^2\right)$$

$$\leqslant m_{a_1 a_2 \cdots a_{n+1}}\left((x_{a_1} + x_{a_2} + \cdots + x_{a_n})^2\right) + \sigma^2,$$

再将此式代入 (16) 可得,

$$m\left[(y_1 x_1 + y_2 x_2 + \cdots + y_{\theta_{n+1}} x_{\theta_{n+1}})^2\right]$$

$$\leqslant \sum m_{a_1 a_2 \cdots a_{n+1}}\left((x_{a_1} + x_{a_2} + \cdots + x_{a_n})^2\right) P\left(E_{a_1 a_2 \cdots a_{n+1}}\right) + \sigma^2$$

$$= \sum m_{a_1 a_2 \cdots a_n}\left((x_{a_1} + x_{a_2} + \cdots + x_{a_n})^2\right) P\left(E_{a_1 a_2 \cdots a_n}\right) + \sigma^2$$

$$= m\left[(y_1 x_1 + y_2 x_2 + \cdots + y_{\theta_n} x_{\theta_n})^2\right] + \sigma^2$$

$$\leqslant n\sigma^2 + \sigma^2 = (n+1)\sigma^2.$$

这样我们证明 (10) 对所有的 n 均成立.

现在我们转到定理的证明. 将

(19) $\max\limits_{1 \leqslant k \leqslant \theta_\nu - 1} |y_1 x_1 + y_2 x_2 + \cdots + y_k x_k| < t\sigma\sqrt{n},$

$\qquad |y_1 x_1 + y_2 x_2 + \cdots + y_{\theta_\nu} x_{\theta_\nu}| \geqslant t\sigma\sqrt{n}$

刻画的 Ω 的子集记成 E_ν, 当 $\theta_\nu = 1$ 时将 (19) 中最初的限制条件去掉, 则 $E_1, E_2, \cdots, E_n$ 两两互不相交. 集合 $E_\nu \cap \{\theta_\nu = \theta\}$ $(\theta = \nu, \nu+1, \cdots; \nu = 1, 2, \cdots, n)$ 是可由条件

(20) $y_1 + y_2 + \cdots + y_{\theta-1} = \nu - 1, y_1 + y_2 + \cdots + y_\theta = \nu,$

(21) $\max\limits_{1 \leqslant k \leqslant \theta - 1} |y_1 x_1 + y_2 x_2 + \cdots + y_k x_k| < t\sigma\sqrt{n},$

(22) $|y_1 x_1 + y_2 x_2 + \cdots + y_\theta x_\theta| \geqslant t\sigma\sqrt{n}$

刻画的 Ω 的子集, 将其记成 $E_{\nu,\theta}$, 则 $E_{\nu,\nu}, E_{\nu,\nu+1}, \cdots$ 也是两两不相交的, 前面的 θ_ν 是随机变量, 但这里的 θ 是确定的. 在 $E_{\nu,\theta}$ 上 $\theta_n \geqslant \theta_\nu = \theta$. 如果 $M_{\nu,\theta}$ 表示在集合 $E_{\nu,\theta}$ 上的均值, 那么

(23) $m((y_1 x_1 + y_2 x_2 + \cdots + y_{\theta_n} x_{\theta_n})^2)$

$$\geqslant \sum_{\nu=1}^{n} \sum_{\theta=\nu}^{\infty} M_{\nu,\theta}((y_1 x_1 + y_2 x_2 + \cdots + y_\theta x_\theta$$
$$+ y_{\theta+1} x_{\theta+1} + \cdots + y_{\theta_n} x_{\theta_n})^2) P(E_{\nu,\theta}).$$

由于 $E_{\nu,\theta}$ 可由关于 $y_1, x_1, y_2, x_2, \cdots, y_\theta, x_\theta$ 的条件刻画，所以如果假设 m_θ 是关于这些变量的条件均值，则

(24)　$M_{\nu,\theta}((y_1 x_1 + y_2 x_2 + \cdots + y_\theta x_\theta + y_{\theta+1} x_{\theta+1}$
$$+ \cdots + y_{\theta_n} x_{\theta_n})^2)$$
$$= M_{\nu,\theta}\left(m_\theta((y_1 x_1 + y_2 x_2 + \cdots + y_\theta x_\theta + y_{\theta+1} x_{\theta+1} + \cdots + y_{\theta_n} x_{\theta_n})^2)\right)$$
$$= M_{\nu,\theta}\Big\{(y_1 x_1 + y_2 x_2 + \cdots + y_\theta x_\theta)^2$$
$$+ 2(y_1 x_1 + y_2 x_2 + \cdots + y_\theta x_\theta) m_\theta(y_{\theta+1} x_{\theta+1} + \cdots$$
$$+ y_{\theta_n} x_{\theta_n}) + m_\theta((y_{\theta+1} x_{\theta+1} + \cdots + y_{\theta_n} x_{\theta_n})^2)\Big\}.$$

但是，

$$m_\theta(y_{\theta+1} x_{\theta+1} + \cdots + y_{\theta_n} x_{\theta_n})$$
$$= m_\theta(y_{\theta+1} x_{\theta+1}) + \cdots + m_\theta(y_{\theta_n} x_{\theta_n})$$
$$= m_\theta(y_{\theta+1} m'_\theta(x_{\theta+1})) + \cdots + m_\theta(y_{\theta_n} m'_{\theta_{n-1}}(x_{\theta_n})),$$

这里 m'_θ 表示 $y_1, x_1, \cdots, y_\theta, x_\theta, y_{\theta+1}$ 给定时的条件均值，注意 $x_{\theta+1}$ 与 $y_1, x_1, \cdots, y_\theta, x_\theta, y_{\theta+1}$ 相互独立，所以

$$m'_\theta(x_{\theta+1}) = m(x_{\theta+1}) = 0, \cdots, m'_{\theta_{n-1}}(x_{\theta_n}) = m(x_{\theta_n}) = 0.$$

因此，由 (24) 与 (22) 可知，

$$M_{\nu,\theta}\left((y_1 x_1 + y_2 x_2 + \cdots + y_{\theta_n} x_{\theta_n})^2\right)$$
$$\geqslant M_{\nu,\theta}\left((y_1 x_1 + y_2 x_2 + \cdots + y_\theta x_\theta)^2\right)$$
$$\geqslant t^2 \sigma^2 n.$$

这样，(23) 与 (10) 蕴涵

$$n\sigma^2 \geqslant t^2 \sigma^2 n P\left(\cup E_{\nu,\theta}\right)$$
$$= t^2 \sigma^2 n P\left(\max_{1 \leqslant k \leqslant \theta_n} |y_1 x_1 + y_2 x_2 + \cdots + y_k x_k| \geqslant t\sigma\sqrt{n}\right),$$

这样就可以得到不等式 (9). □

§28 统 计 分 布

对日本成年男人的身高进行大量观察后, 将观察值设为 $\xi_1, \xi_2, \cdots, \xi_n$. 该随机向量的分布可以用诸如下面的实数空间上的集函数 π 来表示. 我们可以验证集函数

(1) $\pi(E) = \dfrac{1}{n} \times \{\xi_1, \xi_2, \cdots, \xi_n$ 落入集合 E 中的个数$\}$

满足概率测度的条件. 此概率测度叫作统计序列 $\xi_1, \xi_2, \cdots, \xi_n$ 的**统计分布**(经验分布), 用 $\pi_{\xi_1, \xi_2, \cdots, \xi_n}$ 来表示. 根据我们的经验, 当观察数增加时, $\pi_{\xi_1, \xi_2, \cdots, \xi_n}$ 趋向于一个确定的分布.

为了将此事实用数学方式表示出来, 我们把这些日本成年男人的身高看作服从概率分布 P_1 的随机变量, 并且它们相互独立. 将随机变量 $\xi_1, \xi_2, \cdots, \xi_n$ 看作其随机变量的特殊取值. 现在, 将这些随机变量设为 $x_1, x_2, \cdots, x_n$, 则 $\pi_{x_1, x_2, \cdots, x_n}$ 也是随机变量, 其值域为实数空间上的概率测度的集合. 假设 $P_{x_1} = P_{x_2} = \cdots = P_{x_n} = \cdots = P_1$, 这时

(2) 当 $n \to \infty$ 时, $\pi_{x_1, x_2, \cdots, x_n}$ 趋向于 P_1.

如果能够证明这一点, 前面的事实也就得到了解释.

定理 28.1 假设 $x_1, x_2, \cdots$ 为相互独立且均服从分布 P_1 的随机变量, 则 $x_1, x_2, \cdots, x_n$ 的统计分布 $\pi_{x_1, x_2, \cdots, x_n}$ 依 §12 定义的距离收敛于 P_1 的概率等于 1.

证明 假设 $\{r_1, r_2, \cdots\}$ 是在 $(-\infty, \infty)$ 上处处稠密的集合, 并记 $(-\infty, r_i) = E_i$. 如果如下定义 $y^{(i)}$

(3) 当 $x_n \in E_i$ 时, $y_n^{(i)} = 1$ $(n = 1, 2, 3, \cdots, i = 1, 2, 3, \cdots)$,

当 $x_n \notin E_i$ 时, $y_n^{(i)} = 0$,

则

(4) $m(y_n^{(i)}) = P_1(E_i)$,

(5) $\pi_{x_1, x_2, \cdots, x_n}(E_i) = \dfrac{1}{n}\left(y_1^{(i)} + y_2^{(i)} + \cdots + y_n^{(i)}\right)$.

由强大数定律可得

$$P\left(\lim_{n \to \infty} \frac{1}{n}\left(y_1^{(i)} + y_2^{(i)} + \cdots + y_n^{(i)}\right) = P_1(E_i)\right) = 1,$$

因此

$$P\left(\bigcap_{i=1}^{\infty}\left\{\lim_{n \to \infty} \frac{1}{n}\left(y_1^{(i)} + y_2^{(i)} + \cdots + y_n^{(i)}\right) = P_1(E_i)\right\}\right) = 1.$$

即我们获得

$$P\left(\bigcap_{i=1}^{\infty}\left\{\lim_{n \to \infty} \pi_{x_1, x_2, \cdots, x_n}(E_i) = P_1(E_i)\right\}\right) = 1.$$

上式左边第二个括号里的极限 $\lim\limits_{n \to \infty} \pi_{x_1, x_2, \cdots, x_n}$ 在 §12 定义的距离意义下
收敛 (通过使用定理 12.2 的证明方法可以证明).   □

§29　重对数律与遍历定理

对概率为 p 的事件进行 n 次独立观测时, 如果发生的次数为 r, 则
强大数定律指出

(1) $P\left(\lim \dfrac{r}{n} = p\right) = 1.$

进一步评价该收敛的速度, A. Khinchin 得出了如下精确化的结果.

定理 29.1 (重对数律)

$$P\left(\overline{\lim} \frac{|r - np|}{\sqrt{2np(1-p)\ln\ln n}} = 1\right) = 1$$

将其扩张可获得关于独立随机变量和的极其有趣而且意义深刻的结
果, 其证明非常烦琐, 省略之.

另外本节里我们在假设 $x_1, x_2, \cdots$ 是独立随机变量的条件下讨论了

$\left\{ \sum\limits_{i=1}^{n} x_i/n \right\}$ 的收敛. 然而 $x_1, x_2, \cdots$ 不独立时, 同样的定理也可以被建立, 这些定理叫作遍历定理, 它构成了概率论的一个大的研究方向, 有关这方面的内容我们会在以后章节的特殊场合中接触到.

第5章　随机变量序列

§30　一般的问题

像在 §21 叙述的那样, 我们已经把 Markov 链当作随机变量序列从数学角度进行了刻画, 而大数定律是随机变量序列收敛问题的一种, 就如已叙述的那样, 因此有必要事先研究随机变量序列的性质.

假设 $x_1, x_2, \cdots$ 为 $(\Omega, \mathscr{F}, P)$ 上的实值随机变量序列, 如果

(1) $P(x_n \in E \mid (x_1, x_2, \cdots, x_{n-1})) = P(x_n \in E \mid x_{n-1})$,

则称随机变量序列 $\{x_n\}$ 为**单纯 Markov 过程**或者简单地称为 **Markov 过程**. 从本质上说, $x_1, x_2, \cdots, x_n$ (§6) 的合成 $(x_1, x_2, \cdots, x_n)$ 就是一个 Markov 过程. 特别地, 如果这个等式的右边为 $P(x_n \in E)$, 则 $\{x_n\}$ 为独立随机变量序列.

假设 $x_1, x_2, \cdots$ 为独立随机变量序列, 其概率分布分别为 $P_1, P_2, \cdots$. 记

(2) $s_n = x_1 + x_2 + \cdots + x_n, \qquad y_n = \dfrac{1}{n}(x_1 + x_2 + \cdots + x_n)$

$\quad (n = 1, 2, \cdots)$.

那么 $\{s_n\}$ 与 $\{y_n\}$ 也是单纯 Markov 过程. 事实上, 我们有

(3) $P(s_n \in E \mid (s_1, s_2, \cdots, s_{n-1})) = P_n(E(-)s_{n-1})$,

(4) $P(y_n \in E \mid (y_1, y_2, \cdots, y_{n-1})) = P_n((E(\times)n)(-)$

$\qquad ((n-1)y_{n-1}))$,

这里 $E(\times)\lambda, E(-)\lambda$ 分别表示 $E\{\lambda\omega; \omega \in E\}, E\{\omega - \lambda; \omega \in E\}$, 从而大数定律是单纯 Markov 链当 $n \to \infty$ 时的极限问题的一种.

§31 条件概率分布

给定 $(\Omega, \mathscr{F}, P)$ 上的实值随机变量 x，设 y 为 $(\Omega, \mathscr{F}, P)$ 上的任意随机变量. 当 y 固定时，x 在某一 Borel 集合 E 上取值的 (条件) 概率 $P(x \in E \,|\, y)$ 是一个实值随机变量 (§8). 我们可以像获得 y 固定时的 x 的分布那样来考虑 E. 当 E 取遍所有的 Borel 集合时，根据 $P(x \in E \,|\, y)$(§6) 的合成，当 y 固定时我们可以获得 x 的概率分布，然而这只是一个预想而已. 由于 E 的变动范围是所有 Borel 集合，所以它应该是不可数的，从而不改变 §6 中合成的定义就不能与之对应，故此我们如下考虑之.

与条件概率相同，条件概率分布也是一个随机变量，其值为 $\mathbb{R}$-概率测度. 由于可将 $\mathbb{R}$-概率测度看作 Borel 集合族上的实值函数，如果设 $\mathcal{L}$ 为它们的集合，那么 $\mathcal{L}$ 为一函数空间，因此在它上面可以定义以柱集合为基础的 Borel 集合的概念 (§20)，所以条件概率分布是 $\mathcal{L}$-随机变量. 条件概率分布很早就被使用了，但是严格的考察还是从 J. L. Doob 开始的.

定理 31.1 使得对任意 Borel 集合 E' 均有 $P(P_{x/y}(E') = P(\{x \in E'\} \,|\, y)) = 1$ 的 $\mathcal{L}$-随机变量 $P_{x/y}$，叫作 **y 给定时 x 的条件概率分布**.

我们来证明这个 $P_{x/y}$ 对于 x, y 必然存在并且作为 $\mathcal{L}$-随机变量是唯一确定的. 唯一性是指如果存在这样的两个量，那么它们是 (P) 等价的.

首先证明存在性.

假设 $\mathbb{R}' \equiv \{r_i\}$ 为 $(-\infty, \infty)$ 上处处稠密的可数集合，并且定义集合 E_i 如下

(1) $E_i = (-\infty, r_i), \qquad (i = 1, 2, \cdots)$.

我们需要证明如下三个命题以概率 1 成立：

(2) 如果 $r_i < r_j$，那么 $P(\{x \in E_i\} \,|\, y) \leqslant P(\{x \in E_j\} \,|\, y)$；

(3) $\lim\limits_{r_i \to \infty} P(\{x \in E_i\} \,|\, y) = 1$；

(4) $\lim\limits_{r_i \to -\infty} P(\{x \in E_i\} \,|\, y) = 0$.

进一步假设 y 的定义域为 $(\Omega_1, \mathscr{F}_1)$，对于 $E \in \mathscr{F}_1$ 我们有

(5) $\displaystyle\int_E P(\{x \in E_i\}|y)P_y(\mathrm{d}y) = P(\{x \in E_i\} \cap \{y \in E\}).$

因此，如果 $r_i < r_j$，而 $E_i \subset E_j$，我们看到

(6) $\displaystyle\int_E P(\{x \in E_i\}|y)P_y(\mathrm{d}y) \leqslant \int_E P(\{x \in E_j\}|y)P_y(\mathrm{d}y).$

E 的任意性蕴涵除去 P_y-测度为 0 的集合外，

$$P(x \in E_i \,|\, y) \leqslant P(x \in E_j \,|\, y),$$

又因为 y 是 w 的函数，从而不等式 (6) 除去 P-测度为 0 的集合外成立.

对于固定的 i, j，(2) 以概率 1 成立，事实上 i, j 的取法至多可数，并且可数个概率为 1 的集合的交集也是概率为 1 的，所以 (2) 成立的概率为 1.

如果 (2) 成立，那么 $\displaystyle\lim_{r_i \to \infty} P(x \in E_i \,|\, y)$ 存在. 对于任意的 $E \in \mathscr{F}_1$，

$$
\begin{aligned}
(7) \quad \int_E \lim_{r_i \to \infty} P(x \in E_i|y)P_y(\mathrm{d}y) &= \lim_{r_i \to \infty} \int_E P(x \in E_i|y)P_y(\mathrm{d}y) \\
&= \lim_{r_i \to \infty} P(\{x \in E_i\} \cap \{y \in E\}) \\
&= P(\{x \in \Omega\} \cap \{y \in E\}) \\
&= P(y \in E).
\end{aligned}
$$

这样，E 的任意性蕴涵 (3) 除去 P_y-测度为 0 的集合外成立. 同理，(4) 除去 P_y-测度为 0 的集合外也成立. 故 (2)，(3)，(4) 以概率 1 成立，即将使得 (2), (3), (4) 均成立的 ω 的全体设为 Ω'，则 $P(\Omega') = 1$.

现在对于 $\omega \in \Omega'$，如下定义 $P_{x/y}$：

(8) $\displaystyle P_{x/y}((-\infty, \lambda]) = \lim_{r_i \to \lambda + 0} P(x \in E_i \,|\, y).$

根据 (2)，这个定义是可能的. 根据 (2), (3), (4) 将 $P_{x/y}((-\infty, \lambda])$ 看成 λ 的函数时，此函数为分布函数 (§11). 据此可以确定一个 $\mathbb{R}$-概率测度，记成 $P_{x/y}$.

用与 (7) 相同的演绎方法，可以证明对于任意的 Borel 集合 E'，有如下等式成立：

(9) $P\left(P_{x/y}(E') = P(x \in E' \,|\, y)\right) = 1.$

其次，当另外存在满足 (9) 的 $P_{x/y}$，并将其设为 $P'_{x/y}$ 时，则对于 $E_i = (-\infty, r_i]$，

$$P\left(P_{x/y}(E_i) = P(x \in E_i \,|\, y)\right) = 1 \qquad (i = 1, 2, \cdots),$$

$$P(P'_{x/y}(E_i) = P(x \in E_i \,|\, y)) = 1 \qquad (i = 1, 2, \cdots).$$

$\{i\}$ 的可数性蕴涵

(10) $P(P_{x/y}(E_i) = P'_{x/y}(E_i), i = 1, 2, 3, \cdots) = 1.$

而 $P_{x/y}$ 与 $P'_{x/y}$ 均是 $\mathbb{R}$-概率测度，所以上式指出 $P_{x/y} = P'_{x/y}.$

§32　单纯 Markov 过程与转移概率族

正如 §30 叙述的那样，在单纯 Markov 过程中条件概率 $P(x_n \in E \,|\, x_1, x_2, \cdots, x_{n-1})$ 等于 $P(x_n \in E \,|\, x_{n-1})$(以概率 1)，即对于条件概率分布，我们可以导出等式：

(1) $P_{x_n/(x_1, x_2, \cdots, x_{n-1})} = P_{x_n/x_{n-1}} \qquad (n = 2, 3, \cdots).$

有时称 $P_{x_n/x_{n-1}}$ 为**转移概率分布**. 假设 x_n 表示在时刻 n 的偶然量的位置，则由于 $P_{x_n/x_{n-1}}$ 表示在时刻 $n-1$ 与 x_{n-1} 相吻合的量在时刻 n 向何处移动的推定概率，所以才有转移概率这个名字.

给定函数族 $\{P_\lambda^{(n)}(E)\}$，如果

(2) $P_\lambda^{(n)}(E)$ 作为集合 E 的函数是 $\mathbb{R}$-概率测度，

(3) $P_\lambda^{(n)}(E)$ 作为 λ 的函数是 Baire 函数，

则称该函数族为**转移概率族**.

对于转移概率族 $\{P_\lambda^{(n)}(E)\}$，下面证明满足

(4) $P_{x_n/x_{n-1}}(E) = P_{x_{n-1}}^{(n)}(E) \qquad (n = 2, 3, \cdots)$

的单纯 Markov 过程存在. 取实数列 $(\lambda_1, \lambda_2, \cdots)$，设其为 ω，并设 ω 的集合为 Ω. Ω 应该是一个概率空间. 令

(5) $x_i(\lambda_1, \lambda_2, \cdots) = \lambda_i.$

$(x_1, x_2, \cdots, x_n)$ 属于 $\mathbb{R}^n$ 的 Borel 集合 E_n 的概率定义为

(6) $P((x_1, x_2, \cdots, x_n) \in E_n)$

$$= \int \int \cdots \int_{E_n} P_1(\mathrm{d}\lambda_1) P_{\lambda_1}^{(2)}(\mathrm{d}\lambda_2) \cdots P_{\lambda_{n-1}}^{(n)}(\mathrm{d}\lambda_n),$$

这里 P_1 是任意的 $\mathbb{R}$-概率测度. 由此, 在 Ω 的子集中, 对于基于 $(1, 2, \cdots, n)$ 的 Borel 柱集可以确定一个概率测度, 使用 Kolmogorov 扩张定理可以在 Ω 上导入概率测度 P, 由此能立即确认 (4) 的正确性. 对应于 P_1 的确定方法也能确定 P, 由此可知 P_1 与微分方程中的任意定数相似.

在 $x_1, x_2, \cdots$ 的取值是整数 1 到 m 的特殊情况下, 使用 $P^{(n)}(m', m'')$ 代替 $P_\lambda^{(n)}(E)$ 是充分的, 它表示在 $x_{n-1} = m'$ 的条件下 $x_n = m''$ 的概率, 于是条件 (2) 变成

(7) $\sum_{m''=1}^{m} P^{(n)}(m', m'') = 1.$

在这样简单的情况中, (3) 在起初便成立. 现在对于 $1 \leqslant m' \leqslant m, 1 \leqslant m'' \leqslant m$, 由 $P^{(n)}(m', m'')$ 构造的矩阵记成 $p^{(n)}$, 如果

$$P(x_k = m') = p_k(m'), \qquad p_k = (p_k(1), p_k(2), \cdots, p_k(m)),$$

则

(8) $p_n = p_1 p^{(2)} p^{(3)} \cdots p^{(n)}.$

据此可以获得 x_n 的概率分布. 此外, 如果在 (6) 中有

$$E_n = \underset{(1)}{(-\infty, \infty)} \times \underset{(2)}{(-\infty, \infty)} \times \cdots \times \underset{(n-1)}{(-\infty, \infty)}$$
$$\times E(\times \text{ 表示空间的积}),$$

那么

(9) $P(x_n \in E)$

$$= \int_{\lambda_1 = -\infty}^{\infty} \int_{\lambda_2 = -\infty}^{\infty} \cdots \int_{\lambda_{n-1} = -\infty}^{\infty} \int_{\lambda_1 = \in E}^{\infty} P_1(\mathrm{d}\lambda_1) P_{\lambda_1}^{(2)}(\mathrm{d}\lambda_2) \cdots$$
$$P_{\lambda_{n-1}}^{(n)}(\mathrm{d}\lambda_n),$$

而 (8) 是 (9) 的特殊情形.

当单纯 Markov 过程中转移概率 $P_\lambda^{(n)}$ 与 n 无关时, 可将这种情况叫作**时齐的**.

在单纯 Markov 过程中, 当 $n \to \infty$ 时 P_{x_n} 的变化趋势的一般化问题, 就是遍历问题.

§33 遍历问题的简单例子

数次洗牌时无论最初的排列如何, 只要增加洗牌次数, 所有的排列方式都会以同程度发生, 也就是说很难指出哪种排列发生的可能性更高. 这是我们凭经验获得的结论, 我们多次洗牌的原因也在于此.

事实上, 对此用概率论的观点考察的话便产生了遍历问题. 将牌的排列方式依次编号为 $1, 2, \cdots, m$, 则当牌有 h 张时 $m = h!$. 将一次洗牌从排列方式 i 到排列方式 j 的转移概率设为 p_{ij}, 也许矩阵 (p_{ij}) 会因人而异, 但以下情况是不变的:

(1) 当 n 充分大时, $(p_{ij}^{(n)}) = (p_{ij})^n$(矩阵的 n 次幂) 满足 $p_{i,j}^{(n)} > 0 \ (i, j = 1, 2, \cdots, m)$.

但是, $p_{ij}^{(n)}$ 表示经过 n 次洗牌后从排列方式 i 到排列方式 j 的转移概率, 如果对于所有的 n 这些概率均等于 0, 那么从最初的排列方式 i 转移到方式 j 永远是不可能的, 也就不存在好的洗牌方法. 据此可以适当地假设 (1) 成立, 并且 $p_{ij} = p_{ji}$.

假设最初的排列是 i 的概率为 p_i, 此排列清楚时, p_i 中仅有一个取 1, 其余的为 0. 在这样的假设下 n 次洗牌后排列的概率为

(2) $(p_1^{(n)}, p_2^{(n)}, \cdots, p_m^{(n)}) \equiv (p_1, p_2, \cdots, p_m)\{p_{ij}^{(n)}\}.$

结果是当 $n \to \infty$ 时, $p_i^{(n)}$ 趋向于 $\dfrac{1}{m}$.

定理 33.1 假设 $p_{ij} \ (i, j = 1, 2, \cdots, m)$, $p_i \ (i = 1, 2, \cdots, m)$ 满足下面的条件:

(3) $p_{ij} \geqslant 0, \quad \sum\limits_{j=1}^{m} p_{ij} = 1, \quad p_{ij} = p_{ji};$

(4) $\{p_{ij}\}^n \equiv \{p_{ij}^{(n)}\}$ 满足当 n 充分大时 $p_{ij}^{(n)} > 0 \ (i, j = 1, 2, \cdots, m)$.

此时, 如果

(5) $p_i \geqslant 0, \quad \sum\limits_{i=1}^{m} p_i = 1$,

那么当 $n \to \infty$ 时, 我们有

(6) $(p_1^{(n)}, p_2^{(n)}, \cdots, p_m^{(n)}) \equiv (p_1 p_2 \cdots p_m)\{p_{ij}^{(n)}\}$
$$\longrightarrow \left(\frac{1}{m}, \frac{1}{m}, \cdots, \frac{1}{m}\right).$$

证明　首先在

(7) $p_{ij} > 0 \ (i, j = 1, 2, \cdots, m)$

的前提下证明定理的结论. 根据假设,

(8) $p_j^{(n+1)} = \sum\limits_{\sigma=1}^{m} p_{\sigma j} p_\sigma^{(n)}$.

将最小 (指 σ, j 在 $1, 2, \cdots, m$ 中取值时的最小) 的 $p_{\sigma j}$ 设为 ε, 则 (7) 蕴涵 $\varepsilon > 0$, 并且由 (3) 可知, (8) 的右边是 $p_1^{(n)}, p_2^{(n)}, \cdots, p_m^{(n)}$ 的加权平均. 设 $p_1^{(n)}, p_2^{(n)}, \cdots, p_m^{(n)}$ 的最大值为 g_n, 最小值为 l_n, 将最小值的权重减去 ε 并将最大值的权重加上 ε, 然后将最小值以外的项均换成 g_n, 可以得到

$$\sum_{\sigma=1}^{m} p_\sigma^{(n)} p_{\sigma j} \leqslant \varepsilon l_n + (1 - \varepsilon) g_n.$$

从而

(9) $g_{n+1} \leqslant \varepsilon l_n + (1-\varepsilon) g_n$ 并且 $l_{n+1} \geqslant \varepsilon g_n + (1-\varepsilon) l_n$, 因此 $g_{n+1} - l_{n+1} \leqslant (1 - 2\varepsilon)(g_n - l_n)$.

于是 $g_n - l_n \leqslant (1 - 2\varepsilon)^{n-1}(g_1 - l_1)$, 故 $\lim\limits_{n \to \infty}(g_n - l_n) = 0$. 注意 $g_1 \geqslant g_2 \geqslant \cdots$, $l_1 \leqslant l_2 \leqslant \cdots$, 我们看到 $\lim\limits_{n \to \infty} g_n$ 与 $\lim\limits_{n \to \infty} l_n$ 均存在, 于是

$$\lim_{n \to \infty} g_n = \lim_{n \to \infty} l_n, \qquad \sum_\sigma p_\sigma^{(n)} = 1,$$

从而有

$$\lim_{n \to \infty} p_\sigma^{(n)} = \frac{1}{m}.$$

现在我们抛开 $p_{ij} > 0$ 的假设来考虑问题. 据此根据 (4) 取 r, 使得 $p_{ij}^{(r)} > 0 \ (i, j = 1, 2, \cdots, m)$, 则

$$(10) \quad (p_1^{(kr)}, p_2^{(kr)}, \cdots, p_m^{(kr)}) = (p_1, p_2, \cdots, p_m)\{p_{ij}^{(r)}\}^k$$

$$\longrightarrow \left(\frac{1}{m}, \frac{1}{m}, \cdots, \frac{1}{m}\right) \ (k \to \infty).$$

对于一般的 n, 取 $n = kr + p \ (0 \leqslant p < r)$, 则当 $n \to \infty$ 时如果 $k \to \infty$, 我们有

$$(p_1^{(n)}, p_2^{(n)}, \cdots, p_m^{(n)}) = (p_1^{(kr)}, p_2^{(kr)}, \cdots, p_m^{(kr)})\{p_{ij}\}^p.$$

注意到 $p_1^{(n)}, \cdots, p_m^{(n)}$ 分别是 $p_1^{(kr)}, \cdots, p_m^{(kr)}$ 的加权平均, 并根据 (10), 对于 $(p_1^{(n)}, \cdots, p_m^{(n)})$, 我们能获得 (6). $\qquad \square$

上述定理并没有反映概率空间的全部问题, 因为其构成可能不超过内部含有的量. 下列问题就没有在概率空间中考虑, 即 $p_\sigma^{(n)}$ 不能凭借已有经验来认识. 前面我们已经讨论过数次洗牌后得到的牌的排列的一个序列. 这个序列反映了所谓的排列的规律, 可以说它表现了概率论.

正如前文中多次重复的那样, 在以表示排列的序列 $(\omega_1, \omega_2, \cdots)$ 为元素的空间 Ω 中, 根据转移概率族导入概率测度, 根据使得 $x_i(\omega_1, \omega_2, \cdots) \equiv \omega_i$ 的随机变量 x_i 的序列表示排列的序列, 则上面问题的意思为统计分布 $\pi_{x_1, x_2, \cdots, x_n}$ (§28) 在 $n \to \infty$ 时趋向于 $(1, 2, \cdots, m)$ 上的均匀分布 (在各点的概率均为 $\frac{1}{m}$). 为证明这个事实, 同定理 28.1 的证明一样, 如下定义 y_i

如果 $x_i = k$, 则 $y_i^{(k)} = 1$,

如果 $x_i \neq k$, 则 $y_i^{(k)} = 0$ $\qquad (k = 1, 2, \cdots, m; \ i = 1, 2, \cdots)$.

证明对于 $k = 1, 2, \cdots, m$, 等式

$$(11) \quad P\left(\lim_{n \to \infty} \frac{y_1^{(k)} + y_2^{(k)} + \cdots + y_n^{(k)}}{n} = \frac{1}{m}\right) = 1$$

成立即可. $y_1^{(k)}, y_2^{(k)}, \cdots, y_n^{(k)}, \cdots$ 不是独立的, 所以前一章的强大数定律无法使用.

与强大数定律相类似, 而且可以在这种情况使用的定理是下一节将要介绍的遍历定理.

§34　遍历定理

遍历定理是在统计力学中与遍历性假设相关联而产生的，G. D. Birkhoff[1] 以那些方面的应用为目的证明了下面有趣的定理，而将其应用于概率论并获得成果的是 E. Hopf[1].

定理 34.1 (Birkhoff 的特殊遍历定理)　*给定 Ω 上的测度 $m(m(\Omega) < \infty)$, 假设 T 是 Ω 到 Ω 自身的一一变换, 并且测度 m 在 T 下不变, 即对于任意可测集合 E, 有*

(1) $m(TE) = m(E), \qquad m(T^{-1}E) = m(E)$.

又假设 $f(\omega)$ 是 Ω 上的可积函数, 即

(2) $\displaystyle\int_{\Omega} |f(\omega)| m(\mathrm{d}\omega) < \infty,$

则极限

$$\lim_{n \to \infty} \frac{\sum_{0}^{n-1} f(T^{\nu}\omega)}{n}$$

在 Ω 上几乎处处 (m) 存在, 记为 $f^*(\omega)$, 并且等式

(3) $f^*(T^{\nu}\omega) = f^*(\omega)$.

几乎处处成立, 同时

(4) $\displaystyle\int_{\Omega} f(\omega) m(\mathrm{d}\omega) = \int_{\Omega} f^*(\omega) m(\mathrm{d}\omega).$

证明　Birkhoff 的证明非常巧妙, 以下叙述之.

首先, 假设

(5) $M_n(\omega, f) \equiv \dfrac{1}{n} \displaystyle\sum_{0}^{n-1} f(T^{\nu}\omega),$

(6) $\varphi(\omega, f) \equiv \overline{\lim_{n \to \infty}} \, M_n(\omega, f).$

如果我们能够证明

(7) $\displaystyle\int_{\Omega} f(\omega) m(\mathrm{d}\omega) \geqslant \int_{\Omega} \varphi(\omega, f) m(\mathrm{d}\omega),$

那么用 $-f(\omega)$ 代替 $f(\omega)$ 可得,

(8) $-\displaystyle\int_{\Omega} f(\omega) m(\mathrm{d}\omega) \geqslant \int_{\Omega} -\varliminf_{n \to \infty} M_n(\omega, f) m(\mathrm{d}\omega).$

将 (7) 与 (8) 相加可知,

$$(9)\ 0 \geqslant \int_{\Omega} \left(\overline{\lim_{n \to \infty}} M_n(\omega, f) - \underline{\lim_{n \to \infty}} M_n(\omega, f) \right) m(\mathrm{d}\omega),$$

从而 $f^*(\omega)$ 存在并且 (4) 成立. 根据 $f^*(\omega)$ 的定义, (3) 是明显成立的.

现在让我们证明 (7). 首先, 对于满足

$$(10)\ \lambda(\omega) < \varphi(\omega, f), \qquad \lambda(T^\nu \omega) = \lambda(\omega) \quad (\nu = 1, 2, \cdots)$$

的可测函数 $\lambda(\omega)$, 我们证明不等式

$$(11)\ \int_{\Omega} f(\omega) m(\mathrm{d}\omega) \geqslant \int_{\Omega} \lambda(\omega) m(\mathrm{d}\omega)$$

成立. 由 (5) 可得,

$$(12)\ s M_s(\omega) = r M_r(\omega) + (s - r) M_{s-r}(\omega_r), \quad s > r \geqslant 1.$$

这里约定 $M_s(\omega)$ 与 ω_r 分别表示 $M_s(\omega, f)$ 与 $T^r \omega$. 今后, 将对 Ω 的子集 E 实施变换 T^r 所获得的集合用 E_r 表示. 其次, 将满足下列条件

$(13)\ M_s(\omega) > \lambda(\omega)$, 其对于 $1 \leqslant r < s$ 的所有 r 成立的 $M_r(\omega) \leqslant \lambda(\omega)$

的 ω 组成的集合设为 Ω^s, 其中 $\Omega^1 = E\{\omega; M_1(\omega) > \lambda(\omega)\}$.

$\Omega^1, \Omega^2, \cdots$ 相互没有共同点, 并且

$$(14)\ \Omega = \bigcup_1^\infty \Omega^\nu.$$

如果 $\omega \in \Omega^s$, 则根据 (12) 可得

$$M_{s-r}(\omega_r) > \lambda(\omega) = \lambda(\omega_r) \quad (r < s),$$

所以 $\omega_r \in \Omega^1 \cup \Omega^2 \cup \cdots \cup \Omega^{s-r}$, 因此

$$(15)\ \Omega_r^s \subset \Omega^1 \cup \Omega^2 \cup \cdots \cup \Omega^{s-r} \quad (1 \leqslant r < s).$$

现在, 假设 $n > 1$, 定义 $A^1, A^2, \cdots, A^n$ 如下:

$$(16)\ A^n = \Omega^n,$$

$$A^{n-1} = \Omega^{n-1} - \Omega^{n-1} \cap \left(\bigcup_{r=1}^{n-1} A_r^n \right),$$

$$A^{n-2} = \Omega^{n-2} - \Omega^{n-2} \cap \left(\left(\bigcup_{r=1}^{n-1} A_r^n \right) \cup \left(\bigcup_{r=1}^{n-2} A_r^{n-1} \right) \right),$$

一般地

$$A^k = \Omega^k - \Omega^k \cap \left(\bigcup_{s=k+1}^{n} \bigcup_{r=1}^{s-1} A_r^s \right) \quad (1 \leqslant k < n).$$

这样集合族

$$A^1, A^2, A_1^2, A^3, A_1^3 A_2^3, \cdots, A^k, A_1^k, A_2^k, \cdots, A_{k-1}^k, \cdots,$$

$$A^n, A_1^n, \cdots, A_{n-1}^n$$

相互没有共同点, 其并集等于 $\bigcup_1^n \Omega^\nu$. 取

$$B^s = \bigcup_{r=0}^{s-1} A_r^s \quad (A_0^s = A^s), \quad C^n = \bigcup_1^n B^s = \bigcup_1^n \Omega^\nu,$$

则 $f(T^\nu \omega) = f(\omega_\nu)$, $\lambda(T^\nu \omega) = \lambda(\omega)$, 因此

$$
\begin{aligned}
\int_{B^s} f(\omega) m(\mathrm{d}\omega) &= \sum_{r=0}^{s-1} \int_{A_r^s} f(\omega) m(\mathrm{d}\omega) = \int_{A^s} \sum_{r=0}^{s-1} f(\omega_r) m(\mathrm{d}\omega) \\
&= \int_{A^s} s M_s(\omega) m(\mathrm{d}\omega) > \int_{A^s} s\lambda(\omega) m(\mathrm{d}\omega) \\
&= \int_{A^s} \sum_{r=0}^{s-1} \lambda(\omega_r) m(\mathrm{d}\omega) = \sum_{r=0}^{s-1} \int_{A_r^s} \lambda(\omega) m(\mathrm{d}\omega) \\
&= \int_{B^s} \lambda(\omega) m(\mathrm{d}\omega).
\end{aligned}
$$

对于 $s = 1, 2, \cdots, n$, 将上式相加可得

$$\int_{C^n} f(\omega) m(\mathrm{d}\omega) > \int_{C^n} \lambda(\omega) m(\mathrm{d}\omega),$$

取 $n \to \infty$ 便获得

(17) $\displaystyle \int_\Omega f(\omega) m(\mathrm{d}\omega) \geqslant \int_\Omega \lambda(\omega) m(\mathrm{d}\omega).$

进一步, 如果 $\varphi(\omega, f)$ 是可积的, 那么在 (17) 中取

(18) $\displaystyle \lambda(\omega) = \min\left\{ \frac{1}{\varepsilon}, \varphi(\omega, f) - \varepsilon \right\}$

并令 $\varepsilon \to 0$, 则可获得 (7)(由定义可以看到 $\varphi(\omega, f)$ 几乎处处满足 $\varphi(T^\nu \omega, f) = \varphi(\omega, f)$, $\nu = 1, 2, \cdots$, 而不满足此等式的点在一开始便可以去除).

若要证明 $\varphi(\omega, f)$ 可积, 由于 $|\varphi(\omega, f)| \leqslant \varphi(\omega, |f|)$, 则只要证明 $\varphi(\omega, |f|)$ 可积即可. 为此在 (17) 中用 $|f(\omega)|$ 代替 $f(\omega)$, 而将 $\lambda(\omega)$ 换成

$$\min\left\{\frac{1}{\varepsilon}, \varphi(\omega, |f|) - \varepsilon\right\},$$

同时取 $\varepsilon \to 0$ 即可. □

使用该定理, 可以证明概率论中的一类遍历定理.

定理 34.2 假设 x_n $(n = \cdots, -k, -(k-1), \cdots, -2, -1, 0, 1, 2, \cdots)$ 为 $(\Omega, \mathscr{F}, P)$ 上的实值随机变量序列, 并满足以下条件:

(19) x_n 在 $1, 2, 3, \cdots, l$ 中取值;

(20) $P(x_n = k / x_a = \lambda_a, x_{a+1} = \lambda_{a+1}, \cdots, x_{n-1} = \lambda)$ $(a < n)$ 仅与 λ, k 有关, 设其为 $p_{\lambda k}$, 则 $p_{\lambda k}$ 满足定理 33.1 的条件 (4);

(21) x_n 是平稳的, 即 $(x_{n_1}, x_{n_2}, \cdots, x_{n_s})$ 与 $(x_{n_1+n}, x_{n_2+n}, \cdots, x_{n_s+n})$ 的概率分布相同;

(22) $\varphi(\lambda)$ 是关于 $\lambda = 1, 2, 3, \cdots, l$ 定义的实函数.

在以上假设下,

(23) $\left\{\dfrac{1}{n}\sum\limits_{k=1}^{n}\varphi(x_k)\right\}$ 以概率 1 收敛于 $m(\varphi(x_0))$.

注 由平稳性可得 $m(\varphi(x_0)) = m(\varphi(x_a))$ (a 是任意的).

证明 假设 $x = (x_n; n = \cdots, -k, -(k-1), \cdots, -2, -1, 0, 1, 2, \cdots)$, 考虑由 x 的值域 Ω_1 与 x 的概率分布 P_x 构成的概率空间 (Ω_1, P_x), 对于 $\omega_1 \in \Omega_1$, 即对于 $(\cdots, \lambda_{-k}, \lambda_{-(k-1)}, \cdots, \lambda_{-2}, \lambda_{-1}, \lambda_0, \lambda_1, \lambda_2, \cdots)$ 定义

$$x'_n(\omega_1) = \lambda_n,$$

则 $\{x'_n\}$ 的合成 x' 与 x 的概率分布相等, 所以对于 $\{x'_n\}$, 只要证明

$$P_x\left(\lim_{n\to\infty}\frac{1}{n}\sum_{k=1}^{n}\varphi(x'_k) = m(\varphi(x'_0))\right) = 1$$

成立, 就可以完成证明. 据此在一开始, 就可以认为 Ω 中的点 ω 为

$$(\cdots, \lambda_{-k}, \lambda_{-(k-1)}, \cdots, \lambda_{-2}, \lambda_{-1}, \lambda_0, \lambda_1, \lambda_2, \cdots),$$

令 $x_n(\omega) = \lambda_n$ 而进行. 将 ω 的各项逐一向右移动所得到的点设为 $T\omega$, 由平稳性的假设 (21) 可知, T 是使测度不变的一一变换. 假设 $\varphi(x_k) = \varphi_{k-1}(\omega)$, 那么 $\varphi_0(T^k\omega) = \varphi_k(\omega)$.

应用遍历定理 34.1 可知, 极限

$$\lim_{n\to\infty} \frac{1}{n} \sum_{k=0}^{n-1} \varphi_k(\omega)$$

几乎处处 (P) 存在, 设其为 $\varphi^*(\omega)$, 则

$$\int_\Omega \varphi^*(\omega) P(\mathrm{d}\omega) = \int_\Omega \varphi_0(\omega) P(\mathrm{d}\omega) = m(\varphi(x_0)),$$

所以为了完成定理 34.2 的证明, 证明 $\varphi^*(\omega)$ 为常数即可. 为此, 只需证明 $P(\varphi^* < \lambda)$ 等于 1 或 0 (λ 为任意实数).

现在设 $E = \{\varphi^* < \lambda\}$, 并且 E 与在有限个坐标 $a, a+1, \cdots, b$ 上的柱集 E' 拥有如下的逼近:

(24) $P(E \sim E') < \varepsilon$, 其中 $E \sim E' = (E - E') \cup (E' - E)$.

记 $T^\nu E' = E'_\nu$. 由平稳性可知,

(25) $P(E'_\nu) = P(E')$.

当 ν 无限增大时, E' 发生的条件下 E'_ν 的概率 $P(E'_\nu \,|\, E')$ 满足

(26) $P(E'_\nu \,|\, E') \longrightarrow P(E'_\nu) = P(E')$

的事实可由假设 (20) 以及定理 33.1 导出, 因此

(27) $P(E'_\nu \cap E') = P(E') P(E'_\nu \,|\, E') \longrightarrow (P(E'))^2$,

这样取 ν 充分大时,

(28) $|P(E'_\nu \cap E') - (P(E'))^2| < \varepsilon$.

根据遍历定理 34.1 可知 φ^* 关于 T 不变, 因此 E 也关于 T 不变. 对 (24) 中的集合实施变换 T^ν, 由于 P 也是关于 T 不变的, 所以

(29) $P(E \sim E'_\nu) < \varepsilon$.

据此由 (24) 可知

(30) $P(E' \sim E'_\nu) < 2\varepsilon$,

从而必然有

(31) $|P(E') - P(E'_\nu \cap E')| < 2\varepsilon$.

而 (28) 与 (31) 蕴涵

$$\left|(P(E'))^2 - P(E')\right| < 3\varepsilon,$$

$$\left|\left[P(E) - (P(E))^2\right] - \left[P(E') - (P(E'))^2\right]\right|$$

$$= \left|\left[P(E) - P(E')\right]\left[1 - P(E) - P(E')\right]\right|$$

$$\leqslant |P(E) - P(E')| < \varepsilon,$$

这些说明

$$\left|P(E) - (P(E))^2\right| < 4\varepsilon.$$

ε 的任意性蕴涵 $P(E) - (P(E))^2 = 0$, 于是 $P(E) = 0$ 或者 1, 即

$$P(\varphi^* < \lambda)$$

等于 0 或 1. $\qquad\square$

定理 34.3 如果 $x_n\,(n = 1, 2, \cdots)$ 满足 (19) 到 (22), 那么 (23) 成立.

注 与前一定理不同的是没有 $x_n\,(n < 0)$ 的部分.

证明 使用前一定理来证明. 首先作为基础, 概率空间 $(\Omega, \mathscr{F}, P)$ 的点是数列 $(\omega_1, \omega_2, \cdots)$ $(\omega_i = 1, 2, \cdots, l; i = 1, 2, \cdots)$, 并且可以假定 $x_i(\omega_1, \omega_2, \cdots) = \omega_i$.

现在如下定义概率空间 $(\Omega', \mathscr{F}', P')$. Ω' 的点 ω' 是向左右无限延伸的数列 $\{\omega'_i\}$, 定义 $x'_i(\omega') = \omega'_i$. 对于任意整数 (当然负数也可以) r, 对 $(x'_r, x'_{r+1}, \cdots)$ 中落入 Ω 的子集 E 中的 ω' 的集合 E', 定义

$$P'(E') = P(E).$$

由条件 (21) 可知 P' 在 Ω' 上是唯一确定的, 这个 P' 还不满足完全可加性, 但是用 Kolmogorov 扩张定理 (定理 20.1) 可以获得一个 (完全可加

的) 概率测度, 仍记为 P'. 在 $(\Omega', \mathscr{F}', P')$ 中, 事实上 $(x'_1, x'_2, \cdots)$ 的概率分布为 P, 因此如果可以说明

$$(32)\ P'\left(\lim_{n\to\infty}\frac{1}{n}\sum_{i=1}^{n}\varphi(x'_i) = m(\varphi(x'_0))\right) = 1$$

成立的话, 证明便结束了, 然而这正是定理 34.2 所保证的.   □

作为遍历定理的应用, 让我们尝试解决 §33 末尾提出的问题. 首先考虑 $p_1 = p_2 = \cdots = p_m = \dfrac{1}{m}$ 的情况. 在这种情况下, 可以容易地证明 $x_1, x_2, \cdots$ 在 $(\Omega, \mathscr{F}, P)$ 上是平稳的. 定义函数 φ 如下:

如果 $\lambda = k$, 则 $\varphi(\lambda) = 1$; 否则 $\varphi(\lambda) = 0$.

那么 $y_i^{(k)} = \varphi(x_i)$ 并且 $m(\varphi(x_i)) = \dfrac{1}{m}$, 因此定理 34.3 蕴涵 §33 的 (11) 成立.

其次, 对于一般的情况, 从概率空间 $(\Omega, \mathscr{F}, P')$ 上获得的 $(\Omega, \mathscr{F}, P)$ 可以导出下面的结果:

$$P'(E) = \sum_{i=1}^{m} p_i \frac{P(E \cap \{x_1 = i\})}{P(x_1 = i)} = \sum_{i=1}^{m} p_i P(E \cap \{x_1 = i\}) m.$$

所以 $P(E) = 0$ 蕴涵 $P'(E) = 0$. 故, 在 $(\Omega, \mathscr{F}, P')$ 上也有

$$P'\left(\lim_{n\to\infty}\frac{1}{n}\sum_{i=1}^{n}y_i^{(k)} \neq \frac{1}{m}\right) = 0.$$

由此, 一般情况也得到了证明.

以上不过是遍历定理的一瞥而已, 有兴趣的读者请参看附录 2 中的 E. Hopf[1] 或吉田耕作的综合报告.

第6章 随 机 过 程

§35 随机过程的定义

随机过程是为了在概率论中描述与时间一起变动的随机现象而产生的概念，在本书中，它是在**函数空间上取值的一种随机变量**.

$a \leqslant t \leqslant b$ 上定义的所有函数 $f(t)$ 的集合叫作 $[a, b]$ 上的一般函数空间，用 F_{ab} 表示，**F_{ab} 的 Borel 子集合**可以像 §20 叙述的那样定义. F_{ab} 的子空间一般称为函数空间，对于函数空间 F'_{ab}，其 Borel 集合是表示 F'_{ab} 与 F_{ab} 的 Borel 集合的公共部分的集合.

定义 35.1 概率空间 $(\Omega, \mathscr{F}, P)$ 上的**随机过程**(F'_{ab}) 是在 Ω 上定义的，值域为 F'_{ab} 的函数 $x(\omega)$，并且满足下面的条件：

对于任意 F'_{ab} 的 Borel 集合 E，$x^{-1}(E)$ 总是 P-可测的.

换言之，随机过程 (F'_{ab}) 是 F'_{ab}-随机变量 (§5).

x 是随机过程 (F'_{ab})，就相当于 x 是 $t \in [a, b]$ 与 $\omega \in \Omega$ 的函数，因此常写成 $x(t, \omega)$. 对于 $x(t, \omega)$，t 固定而 ω 变动时，其为 Ω 上的实函数，显然由 x 的定义可知，此函数是 P-可测的，即当 t 固定时 $x(t, \omega)$ 表示一个实值随机变量. 这是随机过程 x 在时间 t 的值.

表示随机过程本身时，可以用 $((x(t, \omega); a \leqslant t \leqslant b); \omega \in \Omega)$ 或简单地用 x 来表示，并可将 $x(t, \omega)$ 理解为 t 与 ω 给定时的值. 由于时刻 t 的值也是随机变量，所以用 x_t 或 $(x(t, \omega); \omega \in \Omega)$ 表示，如果写成 $x(t, \omega)$ 的话，则可将该变量考虑成对于 ω 的值.

如骰子的点数那样，只取整数 (清楚地说是 $1, 2, 3, 4, 5, 6$) 的变量也作为随机变量表示，这不仅没有不妥反而很方便. 在随机过程的场合，将在

F'_{ab} 中取值的变量作为 F_{ab}-随机变量, 即随机过程 (F_{ab}) 来处理也是可以的, 但是这样做是不妥的. 整数的集合或集合 $\{1, 2, 3, 4, 5, 6\}$ 作为实数集合的子集时, 是一类 Borel 集合, 实数的子集所实际表示的东西也都可以看作 Borel 集合。可是函数空间 F_{ab} 的情况如何呢? 当将函数空间 F_{ab} 的重要子集, 例如所有连续函数的集合、所有可测函数的集合和所有单调函数的集合均看作 F_{ab} 的子集时, 可以证明它们不是 Borel 集合. 反省这一点并更精确地处理随机过程的是 J. L. Doob[1].

把 C_{ab} 设为所有连续函数的集合时, 应考察一下它的 Borel 集合取前述的 "F_{ab} 的 Borel 集合与 C_{ab} 的公共部分" 的情况. C_{ab} 的子集中重要的是与某个给定连续函数 $f(t)$ 的距离 —— 两个函数差的绝对值的最大值, 比定数 ε 小的连续函数的全体, 即 $f(t)$ 的 ε 邻域. 这个集合在上述意义下确实是 Borel 集合. 为了证明其正确性, 可以考虑 $[a, b]$ 上处处稠密的点列 $t_1, t_2, \cdots$. f 的 ε-邻域 $U(f, \varepsilon)$ 为

(1) $U(f, \varepsilon) = \bigcup_n \bigcap_i E_{i,n},$

这里 $E_{i,n} = E\left(\varphi; |\varphi(t_i) - f(t_i)| \leqslant \dfrac{n-1}{n}\varepsilon\right)$. 事实上, $\varphi \in U(f, \varepsilon)$ 蕴涵对于充分大的 n,

$$\max_{a \leqslant t \leqslant b} |\varphi(t) - f(t)| \leqslant \frac{n-1}{n}\varepsilon,$$

因此 $\varphi \in \bigcap\limits_{i=1}^{\infty} E_{i,n}$. 此外, $\varphi \in \bigcap\limits_i E_{i,n}$ 蕴涵

$$|\varphi(t_i) - f(t_i)| \leqslant \frac{n-1}{n}\varepsilon \quad (i = 1, 2, \cdots).$$

φ, f 均是连续函数以及 $\{t_i\}$ 在 $[a, b]$ 上处处稠密蕴涵

对于 $t \in [a, b]$, $|\varphi(t) - f(t)| \leqslant \dfrac{n-1}{n}\varepsilon < \varepsilon$,

所以 $\varphi \in U(f, \varepsilon)$, 即 (1) 成立. 因为 $E_{i,n}$ 为 t_i 上的 Borel 集合, 所以 (1) 蕴涵 $U(f, \varepsilon)$ 也是 Borel 集合.

由于 Borel 集合可以定义, 所以就可以确定该函数空间上定义的实

函数是否为 Baire 函数了. 当 $f \in F_{ab}$ 时, 时刻 t 处 f 的值 $f(t)$ 便是 F_{ab} 上的实函数, 也就是 Baire 函数. 此外, $f \in C_{ab}$ 时, $\max |f|, \displaystyle\int_a^b f(t)\mathrm{d}t$ 等也是 f 的 Baire 函数.

§36　Markov 过程

前一章中我们叙述了 Markov 过程, 本节将处理作为随机过程的 Markov 过程的问题.

定义 36.1　给定随机过程 (F_{ab}), x, 对于任意的 Borel 集合以及任意的实数 $\{t_i\}$: $a < t_1 < t_2 < \cdots < t_n < t < s < b$, 如果

(1) $P\left(x_s \in E | (x_{t_1}, x_{t_2}, \cdots, x_{t_n}, x_t)\right) = P\left(x_s \in E | x_t\right)$　(以概率 1),

则 x 称为单纯 Markov 过程或简称为 Markov 过程.

$P\left(x_s \in E \mid x_t\right)$ 与 t, s, x_t 的值 ξ 以及 E 有关, 将其记成 $P(t, s, \xi, E)$ 并称之为 (从 t 到 s 的) 转移概率, 而函数族 $\{P(t, s, \xi, E)\}$ 叫作 Markov 过程 x 的**转移概率族**.

转移概率族 $\{P(t, s, \xi, E)\}$ 具有下面的性质:

(2) $P(t, s, \xi, E)$ 作为 E 的函数, 它是 $\mathbb{R}$-概率测度;

(3) $P(t, s, \xi, E)$ 是 ξ 的 Baire 函数;

(4) 对于 $t < u < s$,

$$P(t, s, \xi, E) = \int_{-\infty}^{\infty} P(t, u, \xi, \mathrm{d}\lambda) P(u, s, \lambda, E).$$

最后的等式为 Markov 过程的核心, 称其为 Chapman-Kolmogorov 方程.

以上我们粗略地考虑了 (2), (3), (4), 但是 $P(t, s, \xi, E)$ 不是对 ξ 的所有值而确定的, 要除去 P_{x_t}- 测度为 0 的集合. 正因为如此才需要从条件概率出发推出条件概率分布 (§31) 时的详细程度, 虽留有问题但过于细节, 不在此叙述.

满足 (2), (3), (4) 的转移概率族 $\{P(t, s, \xi, E)\}$ 给定时, 可以构造以此

为转移概率的随机过程 (F_{ab}). 对此, 像前面多次进行的那样, 假设 $[a,b]$ 上的所有函数的集合 —— 前节的空间 F_{ab} 为 Ω, Ω 的 Borel 集合族为 $\mathscr{F}$. 取

$$x(\omega) = \omega,$$

将 x 在 t 点的值设为 x_t. 现在假设 $t_1, t_2, \cdots, t_n$ 是 $[a,b]$ 上的任意点并且 $t_1 < t_2 < \cdots < t_n$, 则

(5) $P\left((x_a, x_{t_1}, x_{t_2}, \cdots, x_{t_n}) \in E_{n+1}\right)$
$$= \int \cdots \int_{E_{n+1}} P(\mathrm{d}\lambda_0) P(a, t_1, \lambda_0, \mathrm{d}\lambda_1) P(t_1, t_2, \lambda_1, \mathrm{d}\lambda_2) \cdots$$
$P(t_{n-1}, t_n, \lambda_{n-1}, \mathrm{d}\lambda_n),$

这里可以随意确定 P 是 x_a 的概率分布. $(a, t_1, t_2, \cdots, t_n)$ 的柱集上的概率由 (5) 确定. 若同时考虑两个相同的柱集, 即 $(a, t_1, t_2, \cdots, t_n)$ 的柱集与 $(a, s_1, s_2, \cdots, s_n)$ 的柱集, 为了证明它们具有相同的概率, 则必须使用 Chapman-Kolmogorov 方程.

那么扩张 P、定义在 Ω 上的概率测度可由 Kolmogorov 扩张定理 (§20) 实现, 于是就可以获得概率空间 $(\Omega, \mathscr{F}, P)$ 上的随机过程 (F_{ab}), 这便是我们渴望的随机过程 x.

除 (2), (3), (4) 以外另附加其他条件时, 以特殊函数空间 (例如前节的 C_{ab}) 为值域可以定义随机过程.

定义 36.2　假设 $F(t, s, \xi, \eta)$ 为 Markov 过程的转移概率 $P(t, s, \xi, E)$ 的分布函数.

(6) 当 $F(t, s, \xi, \eta)$ 是 $s - t, \xi, \eta$ 的函数时, 称此 Markov 过程为**时齐的**;

(7) 当 $F(t, s, \xi, \eta)$ 是 $s, t, \eta - \xi$ 的函数时, 称此 Markov 过程为**空间齐次的**.

定理 36.1　如果 x 是空间齐次的 Markov 过程, 则对任意实数 $t_1, t_2, \cdots, t_n$, $t_1 < t_2 < \cdots < t_n$, 随机变量 $x_{t_n} - x_{t_{n-1}}$ 与 $(x_{t_1}, x_{t_2}, \cdots,$

$x_{t_{n-1}})$ 相互独立, 因此 $x_{t_2} - x_{t_1}, x_{t_3} - x_{t_2}, \cdots, x_{t_n} - x_{t_{n-1}}$ 也是相互独立的. 反之亦真.

证明 假设转移概率的分布函数为 $F(t, s, \xi, \eta)$, 则 Markov 性蕴涵

$$P(x_{t_n} - x_{t_{n-1}} < \lambda \mid (x_{t_1}, x_{t_2}, \cdots, x_{t_{n-1}}))$$
$$= P(x_{t_n} < \lambda + x_{t_{n-1}} \mid (x_{t_1}, x_{t_2}, \cdots, x_{t_{n-1}}))$$
$$= F(t_{n-1}, t_n, x_{t_{n-1}}, \lambda + x_{t_{n-1}}).$$

进一步, 空间齐次性的假设蕴涵分布函数 $F(t, s, \xi, \eta)$ 是 $t, s, \eta - \xi$ 的函数, 设其为 $\varphi(t, s, \eta - \xi)$, 则

$$P(x_{t_n} - x_{t_{n-1}} < \lambda \mid (x_{t_1}, x_{t_2}, \cdots, x_{t_{n-1}}))$$
$$= \varphi(t_{n-1}, t_n, \lambda + x_{t_{n-1}} - x_{t_{n-1}})$$
$$= \varphi(t_{n-1}, t_n, \lambda),$$

即当 $(x_{t_1}, \cdots, x_{t_{n-1}})$ 确定时, $x_{t_n} - x_{t_{n-1}} < \lambda$ 的条件概率与 $(x_{t_1}, \cdots, x_{t_{n-1}})$ 无关, 这说明 $x_{t_n} - x_{t_{n-1}}$ 与 $(x_{t_1}, x_{t_2}, \cdots, x_{t_{n-1}})$ 相互独立. □

§37 时空齐次的 Markov 过程 (I)

本节中, 我们研究以 $[0,1]$ 上的连续函数空间 C_{01} 为值域的时空齐次的 Markov 过程, 并且假设 $x_0 = 0$. 再次明确地写出条件如下:

(1) x 是 Markov 过程 (C_{01});

(2) x 是时空齐次的;

(3) $x_0 = 0$.

定理 37.1 满足以上三个条件的 Markov 过程的转移概率 $P(t, s, \xi, E)$ 可以表示成

(4) $P(t, s, \xi, E) = \displaystyle\int_E \frac{1}{\sqrt{2\pi(s-t)}\,\sigma} e^{-\frac{(\lambda - \xi - m(s-t))^2}{2(s-t)\sigma^2}} \, d\lambda.$

在证明本定理之前, 先介绍 Liapounov 定理.

定理 37.2 (Liapounov 定理)　假设 $\{x_{p1}, x_{p2}, \cdots, x_{pm_p}\}, p = 1, 2, \cdots$ 为随机变量序列, 并且满足以下三个条件

(5) $x_{p1}, x_{p2}, \cdots, x_{pm_p}$ 相互独立 $(p = 1, 2, \cdots)$;

(6) **存在常数** $a_p > 0$, **使得** $|x_{p1}| < a_p, |x_{p2}| < a_p, \cdots, |x_{pm_p}| < a_p$;

(7) **当** $p \to \infty$ **时**, $\dfrac{a_p}{\sigma\left(\sum\limits_i x_{pi}\right)}$ **趋向于** 0,

则 $\dfrac{\sum\limits_i (x_{pi} - m(x_{pi}))}{\sigma\left(\sum\limits_i x_{pi}\right)}$ 的分布收敛于均值为 0 且标准差为 1 的 Gauss 分布.

这个定理是 §24 叙述的中心极限定理的一般化, 证明是相同的, 省略之.

注　当 $p \to \infty$ 时, 如果 x_p 的概率分布收敛于某一 $\mathbb{R}$-概率测度 P, 则称 $\{x_p\}$ 依分布收敛于 P.

定理 37.1 的证明　根据定理 36.1, 只需证明 $x_s - x_t$ 的分布 $P_{x_s - x_t}$ 是均值为 $m(t - s)$、标准差为 $\sigma\sqrt{s - t}$ 的 Gauss 分布即可.

首先证明 $x_1 - x_0 (= x_1)$ 服从 Gauss 分布. 定义集合

$$E'_{mp} = \bigcap_{i=1}^m \left\{ |x_t - x_s| < \frac{1}{p}, \ \frac{i-1}{m} \leqslant s, t \leqslant \frac{i}{m}, \ (s, t \text{ 是有理数}) \right\},$$

当 $m = 2^n$ 时, 将 E'_{mp} 记成 E_{np}, 据此由 (1) 可知

(8) $E_{1p} \subset E_{2p} \subset E_{3p} \subset \cdots \longrightarrow \Omega$,

于是存在 m_p 使得,

(9) $P(E_{m_p p}) > 1 - \dfrac{1}{p}$.

记 $E_p = E_{m_p p}$. 如下定义实值随机变量 y_{pk} 以及 y_p $(p = 1, 2, \cdots, k = 1, 2, \cdots, m_p)$:

(10) 当 $\omega \in E_p$ 时, $y_{pk}(\omega) = x_{\frac{k}{m_p}}(\omega) - x_{\frac{k-1}{m_p}}(\omega)$;

(11) 当 $\omega \notin E_p$ 时, $y_{pk}(\omega) = 0$;

(12) $y_p(\omega) = \sum\limits_k y_{pk}(\omega)$.

因此，对于 $\omega \in E_p$，

(13) $y_p(\omega) = x_1(\omega)$,

于是

$$P(y_p \neq x_1) \leqslant 1 - P(E_p) \leqslant \frac{1}{p},$$

即 $\{y_p\}$ 依概率收敛于 x_1，所以 y_p 依分布收敛于 x_1. 此外根据定义，对于任意 ω，

(14) $|y_{pk}(\omega)| < \dfrac{1}{p}$ $(k = 1, 2, \cdots, m_p)$,

以及由于 x 的空间齐次性蕴涵 $x_{\frac{k}{m_p}} - x_{\frac{k-1}{m_p}}$, $k = 1, 2, \cdots, m_p$ 相互独立，从而 $y_{pk}, k = 1, 2, \cdots, m_p$ 相互独立.

$1°$ 假设 $\sigma(y_p) \to 0 \ (p \to \infty)$.

由于 Bienaymé 不等式 (定理 14.1) 蕴涵

$$P(|y_p - m(y_p)| > t\sigma(y_p)) \leqslant \frac{1}{t^2},$$

所以当 t 与 p 充分大时，

$$P(|y_p - m(y_p)| > \varepsilon) < \delta,$$

因此 $y_p - m(y_p)$ 依概率收敛于 0. 假设 m 是集合 $\{m(y_p)\}$ 的一个聚点，可以取到 $\{p\}$ 的子列 $\{p'\}$，使得

(15) $y_{p'} - m(y_{p'})$ 依概率收敛于 $x_1 - m$.

如上证明了 $y_p - m(y_p)$ 依概率收敛于 0，因此 $y_{p'} - m(y_{p'})$ 也依概率收敛于 0. 结合定义 7.1，我们获得

(16) $P(x_1 = m) = 1$.

这时，x_1 是常数，不能将 x 理解为一个随机过程，硬要说的话，可以说 x 是均值为 m、标准差为 0 的 Gauss 分布 (在 Gauss 分布的特征函数中设 $\sigma = 0$).

$2°$ 假设 $\sigma(y_p) \to 0 \ (p \to \infty)$.

选取 $\{p\}$ 的适当子列 $\{p'\}$, 使得

$$\sigma(y_{p'}) \to d \ (0 < d < \infty \ \text{或} \ d = \infty).$$

将 $\{y_{p'}\}$ 改写成 $\{y_p\}$, 根据 Liapounov 定理, $z_p \equiv \dfrac{y_p - m(y_p)}{\sigma(y_p)}$ 依分布收敛于均值为 0 且标准差为 1 的 Gauss 分布 (关联的 Gauss 分布记成 G).

A $d = \infty$ 的情形. 任取 l, 对充分大的 p, 有 $\sigma(y_p) > l$ 并且

$$Q(y_p, l) \leqslant Q(y_p, \sigma(y_p)) = Q(z_p, 1) = Q(P_{z_p}, 1).$$

z_p 依分布收敛于 G 的事实蕴涵

$$\lim_{p \to \infty} Q(P_{z_p}, 1) = Q(G, 1) = \frac{1}{\sqrt{2\pi}} \int_{-\frac{1}{2}}^{\frac{1}{2}} e^{-\frac{\lambda^2}{2}} d\lambda.$$

注意 y_p 依概率收敛于 x_1, 因此

$$\varlimsup_{p \to \infty} Q(y_p, l) \geqslant Q\left(x_1, \frac{l}{2}\right).$$

(17) $\quad Q\left(x_1, \dfrac{l}{2}\right) \leqslant \dfrac{1}{\sqrt{2\pi}} \displaystyle\int_{-\frac{1}{2}}^{\frac{1}{2}} e^{-\frac{\lambda^2}{2}} d\lambda < 1.$

这与当 $l \to \infty$ 时 $Q\left(x_1, \dfrac{l}{2}\right) \to 1$(从 Q 的定义直接能推出) 的事实矛盾. 所以 $d = \infty$ 的情形不可能发生.

B $d \neq \infty$ 的情形. 选取 $\{y_p\}$ 的子列 $\{y_{p'}\}$, 使得 $m(y_{p'}) \to m$. 当 $m \neq \pm\infty$ 时,

$$z_{p'} = \frac{y_{p'} - m(y_{p'})}{\sigma(y_{p'})}$$

依概率收敛于 $\dfrac{x_1 - m}{d}$, 而 $z_{p'}$ 依分布收敛于 G, 因此 $\dfrac{x_1 - m}{d}$ 的分布为 G, 也就是 x_1 服从均值为 m、标准差为 d 的 Gauss 分布.

当 $m = \infty$ 时, 由于

$$\frac{x_1 - m(y_{p'})}{\sigma(y_{p'})} - z_{p'} = \frac{x_1 - y_{p'}}{\sigma(y_{p'})}$$

依概率收敛于 0，所以 $\dfrac{x_1 - m(y_{p'})}{\sigma(y_{p'})}$ 与 $z_{p'}$ 均依分布收敛于 G. 注意，G 没有不连续点，所以

$$\lim_{p' \to \infty} P\left(\frac{x_1 - m(y_{p'})}{\sigma(y_{p'})} \geqslant 0 \right) = \int_0^\infty \frac{1}{\sqrt{2\pi}} e^{-\frac{\lambda^2}{2}} d\lambda = \frac{1}{2}.$$

从而

$$\lim_{p' \to \infty} P(x_1 \geqslant m(y_{p'})) = \frac{1}{2},$$

即 $P(x_1 = \infty) \equiv \dfrac{1}{2}$，此时产生矛盾. 同理，当 $m = -\infty$ 时也产生类似的矛盾.

综上所述，x_1 服从 Gauss 分布. 同理可证 $x_s - x_t$ 也服从 Gauss 分布，但是根据假设，其分布仅依赖于 $s - t$、设其均值为 m_{s-t}、标准差为 σ_{s-t}，则对于 $u \in (t, s)$，

$$m_{s-u} + m_{u-t} = m_{s-t}, \qquad \sigma_{s-u}^2 + \sigma_{u-t}^2 = \sigma_{s-t}^2,$$

即

$$m_\tau + m_{\tau'} = m_{\tau + \tau'}, \qquad \sigma_\tau^2 + \sigma_{\tau'}^2 = \sigma_{\tau + \tau'}^2.$$

又根据 (1)，$x_s - x_t$ 的分布关于 s 连续，所以 m_r 与 σ_r 关于 τ 也连续，并且

$$m_\tau = m \cdot \tau, \qquad \sigma_\tau = \sigma \cdot \tau,$$

这里 m, σ 均是常数，我们由此完成了对定理 37.1 的证明. □

注　没有时齐性也可以推出 $x_s - x_t$ 服从 Gauss 分布，只要注意到这点，就可以把定理37.1 一般化，这里省略之.

接下来让我们考虑定理37.1 的逆定理.

定理 37.3　假设概率测度族 $\{P(t, s, \xi, E)\}$ 由 (4) 给定，则存在以此为转移概率并且满足 (1), (2), (3) 的 Markov 过程 (C_{01}).

证明　首先证明 $m = 0, \sigma = 1$. 根据 §36 叙述的事实, 存在以 (4) 为转移概率的空间齐次的 Markov 过程 (F_{01}), x. 这时, 假设 $(\Omega, \mathscr{F}, P)$ 为概率空间, 让我们通过变换 x 来构造 Markov 过程 (C_{01}).

第一步　证明对任意充分小的正数 ε, η, 存在正数 $\delta(\varepsilon, \eta)$, 使得当 $0 < s - t < \delta(\varepsilon, \eta)$ 时,

(18) $P(|x_s - x_t| > \varepsilon) < \eta(s - t)$.

由 x 的定义可知,

$$
\begin{aligned}
P(|x_s - x_t| > \varepsilon) &= \int_{|\lambda| > \varepsilon} \frac{1}{\sqrt{2\pi(s-t)}} \mathrm{e}^{-\frac{\lambda^2}{2(s-t)}} \mathrm{d}\lambda \\
&= \int_{\varepsilon}^{\infty} \sqrt{\frac{2}{\pi}} \mathrm{e}^{-\frac{\lambda^2}{2(s-t)}} \frac{\mathrm{d}\lambda}{\sqrt{s-t}} \\
&= \int_{\varepsilon/\sqrt{s-t}}^{\infty} \sqrt{\frac{2}{\pi}} \mathrm{e}^{-\frac{\lambda^2}{2}} \mathrm{d}\lambda.
\end{aligned}
$$

可是,

$$
\begin{aligned}
\int_a^{\infty} \mathrm{e}^{-\frac{\lambda^2}{2}} \mathrm{d}\lambda &= \int_a^{\infty} \mathrm{e}^{-\frac{\lambda^2}{2}} \left(-\frac{1}{\lambda} \right) (-\lambda \mathrm{d}\lambda) \\
&= \frac{1}{a} \mathrm{e}^{-\frac{a^2}{2}} - \int_a^{\infty} \frac{1}{\lambda^2} \mathrm{e}^{-\frac{\lambda^2}{2}} \mathrm{d}\lambda \\
&\leqslant \frac{1}{a} \mathrm{e}^{-\frac{a^2}{2}},
\end{aligned}
$$

所以

$$
P(|x_s - x_t| > \varepsilon) \leqslant \sqrt{\frac{2}{\pi}} \frac{\sqrt{s-t}}{\varepsilon} \exp\left(-\frac{\varepsilon^2}{2(s-t)} \right) < C(s-t),
$$
$$
\left(C = \sqrt{\frac{2}{\pi}} \frac{1}{\varepsilon\sqrt{s-t}} \exp\left(-\frac{\varepsilon^2}{2(s-t)} \right) \right).
$$

注意, $|s - t| \to 0$ 蕴涵 $C \to 0$, 因此存在 $\delta(\varepsilon, \eta)$, 使得当 $0 < s - t < \delta(\varepsilon, \eta)$ 时 (18) 成立. 第一步完成.

第二步　对 $\eta < \dfrac{1}{2}$, 证明第一步确定的 $\delta(\varepsilon, \eta)$ 满足下面的条件:

(19) 当 $0 < s - t < \delta(\varepsilon, \eta)$ 时，$P\left(\sup\limits_{r_i} |x_{r_i} - x_t| > 2\varepsilon\right) \leqslant 2\eta(s-t)$，这里 $\{r_i\}$ 是 $[t, s]$ 上全体有理数的集合，并且 $\sup\limits_{r_i}$ 表示 r_i 在区间 $[t, s]$ 上变动时的上确界.

首先，

(20) $\sup\limits_{r_i} |x_{r_i} - x_t| = \lim\limits_{n \to \infty} \max\limits_{1 \leqslant i \leqslant n} |x_{r_i} - x_t|$,

所以

(21) 当 $\left\{\sup\limits_{r_i} |x_{r_i} - x_t| > 2\varepsilon\right\} \subset \bigcup\limits_{n=1}^{\infty} \left\{\max\limits_{1 \leqslant i \leqslant n} |x_{r_i} - x_t| > 2\varepsilon\right\}$ 时，

上式右边 $\bigcup\limits_{n=1}^{\infty}$ 的右侧集合关于 n 单调增大蕴涵

$$P\left(\sup\limits_{r_i} |x_{r_i} - x_t| > 2\varepsilon\right) \leqslant \lim\limits_{n \to \infty} P\left(\max\limits_{1 \leqslant i \leqslant n} |x_{r_i} - x_t| > 2\varepsilon\right),$$

从而取代 (19) 只需证明

(19′) $P\left(\max\limits_{1 \leqslant i \leqslant n} |x_{r_i} - x_t| > 2\varepsilon\right) \leqslant 2\eta(s-t)$

即可. 将 $r_1, r_2, \cdots, r_n$ 按照从小到大的顺序排列，并再次记成 $r_1, r_2, \cdots, r_n$. 取

(22) $A_k = \{|x_{r_k} - x_t| > 2\varepsilon\} \bigcap\limits_{1 \leqslant i \leqslant k-1} \{|x_{r_i} - x_t| \leqslant 2\varepsilon\}$

(其中 $A_1 = \{|x_{r_1} - x_t| > 2\varepsilon\}$),

$B_k = \{|x_s - x_{r_k}| \leqslant \varepsilon\}$,

则根据定理 36.1 可得

(23) $P(A_k \cap B_k) = P(A_k)P(B_k)$.

另外

$$\bigcup\limits_{k=1}^{n} (A_k \cap B_k) \subset \{|x_s - x_t| > \varepsilon\},$$

而 (22) 蕴涵 $A_k \cap B_k (k = 1, 2, \cdots)$ 没有共同点，所以

(24) $P(|x_s - x_t| > \varepsilon) \geqslant \sum\limits_{k=1}^{n} P(A_k \cap B_k) = \sum\limits_{k=1}^{n} P(A_k)P(B_k)$.

因此根据第一步的结论,

$$P(B_k) \geqslant 1 - \eta(s-t) \geqslant 1 - \frac{1}{2} \times 1 = \frac{1}{2} \qquad \left(\text{注意} \quad \eta < \frac{1}{2}\right),$$

$$P(|x_s - x_t| > \varepsilon) < \eta(s-t),$$

并且

$$\sum_{k=1}^{n} P(A_k) < 2\eta(s-t).$$

由 (22) 知 $A_k \ (k = 1, 2, \cdots, n)$ 没有共同点, 于是

$$P\left(\bigcup_k A_k\right) < 2\eta(s-t).$$

这便是 (19′).

第三步　证明当 $\{r_i\}$ 是 $[0,1]$ 上的有理数的集合时, $x_{r_i}(\omega)$ 作为 r_i 的函数是一致连续的, 且概率等于 1, 即

$$(25) \quad P\left(\bigcap_p \bigcup_q \bigcap_{|r_i - r_j| \leqslant \frac{1}{q}} \left\{|x_{r_i} - x_{r_j}| < \frac{1}{p}\right\}\right) = 1.$$

取代 (25), 可以证明, 对所有的 p

$$(26) \quad P\left(\bigcup_q \bigcap_{|r_i - r_j| \leqslant \frac{1}{q}} \left\{|x_{r_i} - x_{r_j}| < \frac{1}{p}\right\}\right) = 1,$$

即

$$(27) \quad \lim_{q \to \infty} P\left(\bigcap_{|r_i - r_j| \leqslant \frac{1}{q}} \left\{|x_{r_i} - x_{r_j}| < \frac{1}{p}\right\}\right) = 1,$$

或者证明

$$(28) \quad \lim_{q \to \infty} P\left(\bigcup_{|r_i - r_j| \leqslant \frac{1}{q}} \left\{|x_{r_i} - x_{r_j}| \geqslant \frac{1}{p}\right\}\right) = 0$$

即可.

现在将 $[0,1]$ 分成 n 个小区间 $\left(0, \frac{1}{q}\right), \left(\frac{1}{q}, \frac{2}{q}\right), \cdots, \left(\frac{q-1}{q}, 1\right)$, 假设包含 r_i, r_j 的区间的左端点分别为 α_i, α_j, 则当 $|r_i - r_j| \leqslant \frac{1}{q}$ 时, $|\alpha_i - \alpha_j|$

等于 0 或者 $\dfrac{1}{q}$，并且

$$|x_{r_i} - x_{r_j}| \leqslant |x_{r_i} - x_{\alpha_i}| + |x_{r_j} - x_{\alpha_j}| + |x_{\alpha_i} - x_{\alpha_j}|,$$

因此

$$\bigcup_{|r_i - r_j| \leqslant \frac{1}{q}} \left\{ |x_{r_i} - x_{r_j}| \geqslant \frac{1}{p} \right\} \subset$$

$$\bigcup_{k=1}^{q} \left\{ \sup_{(k-1)/q \leqslant r_i \leqslant k/q} |x_{r_i} - x_{(k-1)/q}| \geqslant \frac{1}{3p} \right\},$$

$$P\left(\bigcup_{|r_i - r_j| \leqslant \frac{1}{q}} \left\{ |x_{r_i} - x_{r_j}| \geqslant \frac{1}{p} \right\} \right)$$

$$\leqslant \sum_{k=1}^{q} P\left(\sup_{(k-1)/q \leqslant r_i \leqslant k/q} |x_{r_i} - x_{(k-1)/q}| \geqslant \frac{1}{3p} \right).$$

因此根据第二步，对于满足 $\dfrac{1}{q} < \delta\left(\dfrac{1}{6p}, \eta\right)$ 的 q，上式右边比 $q \cdot 2\eta \dfrac{1}{q} = 2\eta$ 小，也就是说，

$$P\left(\bigcup_{|r_i - r_j| \leqslant \frac{1}{q}} \left\{ |x_{r_i} - x_{r_j}| \geqslant \frac{1}{p} \right\} \right) < 2\eta.$$

由于 η 可以取任意小，所以可证明 (28) 成立.

第四步 由于 $\{x_{r_i}\}$ 在满足 $P(\Omega') = 1$ 的集合 Ω' 上作为 r_i 的函数是一致连续的事实，已经在第三步被证明，所以如果定义 $y_t(\omega)$ 为

$$y_t(\omega) = \lim_{r_i \to t} x_{r_i}(\omega) \qquad (\omega \in \Omega'),$$

$$y_t(\omega) = 0 \qquad (\omega \notin \Omega'),$$

则 y 是 $m = 0$，$\sigma = 1$ 时的所求的 Markov 过程 (C_{01}). 这样，$m = 0$，$\sigma = 1$ 的情况的证明已经完成，对于一般情况，满足

$$z_t(\omega) = \sigma y_t(\omega) + m_t$$

的过程 z 即为所求. $\qquad\qquad\square$

§38 时空齐次的 Markov 过程 (II)

从某种意义上说, 本节的 Markov 过程与前面的完全相反.

定理 38.1 假设 x 为满足以下条件的 Markov 过程:

(1) x 定义在区间 $(0, 1)$ 上, 其值域是以高度 1 为阶梯增加的简单函数 (但假设其右连续) 的集合;

(2) x 为时空齐次的;

(3) $x_0 = 0$.

则 x 的转移概率为

(4) $P(t, s, \xi, E) = \sum\limits_{k+\xi \in E} \mathrm{e}^{-(s-t)\alpha} \dfrac{((s-t)\alpha)^k}{k!}$ (k, ξ 是非负整数), 这里 α 是一个正参数.

作为准备先介绍 Poisson 小数定律.

定理 38.2(Poisson 小数定律) 假设 $\{x_{p1}, x_{p2}, \cdots, x_{pn_p}\}$ $(p = 1, 2, \cdots)$ 为随机变量序列, 并且满足

(5) $x_{p1}, x_{p2}, \cdots, x_{pn_p}$ 相互独立 $(p = 1, 2, \cdots)$;

(6) x_{pq} 或者取 0 或者取 1;

(7) $\sum\limits_{q=1}^{n_p} m(x_{pq}) \longrightarrow \alpha$ $(p \to \infty)$;

(8) $\max\limits_{1 \leqslant q \leqslant n_p} m(x_{pq}) \longrightarrow 0$ $(p \to \infty)$.

则当 $p \to \infty$ 时,

$$y_p \equiv \sum_{q=1}^{n_p} x_{pq}$$

依分布收敛于均值为 α 的 Poisson 分布.

证明 记 $m_{pq} = m(x_{pq})$. 则 (6) 蕴涵

$$P(x_{pq} = 1) = m_{pq}, \qquad P(x_{pq} = 0) = 1 - m_{pq},$$

并且 x_{pq} 的特征函数为

$$(1 - m_{pq}) + m_{pq}\mathrm{e}^{\mathrm{i}z} = 1 + (\mathrm{e}^{\mathrm{i}z} - 1)m_{pq}.$$

因此由 (5) 可知，y_p 的特征函数为

$$\prod_{q=1}^{n_p} \left(1 + (e^{iz} - 1)m_{pq}\right).$$

结合条件 (7), (8) 并根据 §24 的引理可知，当 $p \to \infty$ 时，上式一致收敛于 $\exp\{\alpha(e^{iz} - 1)\}$，因此定理的证明完成. □

定理 38.1 的证明　对于 $t = \dfrac{n}{2^p}$，将 x_t 记成 $x_{p,n}$，并假设 $y_{p,n} = \min\{x_{p,n} - x_{p,n-1}, 1\}$，则 $y_{p,n}$ 满足定理 38.2 的条件 (5) 与 (6)，又由于 x 是时齐的，所以

(9) $m(y_{p,n})$ 与 n 无关，

将其记成 m_p. 由 $y_{p,n}$ 的定义可知，

$$y_{p,n} \leqslant y_{p+1,2n-1} + y_{p+1,2n},$$

因此

$$m_p = m(y_{p,n}) \leqslant m(y_{p+1,2n-1}) + m(y_{p+1,2n}) = 2m_{p+1},$$

从而

$$2^p m_p \leqslant 2^{p+1} m_{p+1}.$$

1° 假设 $\lim_{p \to \infty} 2^p m_p = \alpha < \infty$. 根据前面的定理，当 $p \to \infty$ 时，

$$\sum_n y_{p,n}$$

分布收敛于均值为 α 的 Poisson 分布. 固定 ω，由于 $x_t(\omega)$ 在充分小的区间内至多跳跃一次，因此

$$\Omega = \bigcup_{q=1}^{\infty} \bigcap_{p=q}^{\infty} \left\{ x_1 = \sum_n y_{p,n} \right\}.$$

如果取

$$E_q = \bigcap_{p=q}^{\infty} \left\{ x_1 = \sum_n y_{p,n} \right\},$$

则我们有

$$E_1 \subset E_2 \subset \cdots \longrightarrow \Omega.$$

于是从某一项起，$P(E_q)$ 充分接近于 1. 在 E_p 上 $x_1 = \sum\limits_n y_{p,n}$，而右边依概率收敛于 x_1，故 x_1 也服从均值为 α 的 Poisson 分布.

2°　假设 $\lim\limits_{p\to\infty} 2^p m_p = \infty$. 由定义 $\lim\limits_{p\to\infty} m_p = 0$，从而可得

$$\sigma^2 \left(\sum_n y_{p,n} \right) = \sum_n \sigma^2(y_{p,n}) = 2^p m_p(1 - m_p) \to \infty \quad (p \to \infty).$$

因此，由中心极限定理可知，

(10) $\left\{ \dfrac{\sum\limits_n y_{p,n} - 2^p m_p}{\sqrt{2^p m_p(1 - m_p)}} \right\}$ 依分布收敛于均值为 0、标准差为 1 的

Gauss 分布.

于是

(11) $P \left(\sum\limits_n y_{p,n} > 2^p m_p \right) \longrightarrow \dfrac{1}{2} \quad (p \to \infty).$

对于任意正数 M，选取充分大的 p $(2^p m_p > M)$，使得上式左边比

(12) $P \left(\sum\limits_n y_{p,n} > M \right)$

小，且 p 充分大时

$$P(x_1 = \infty) = \frac{1}{2}.$$

这样就产生了矛盾，因此不会出现情况 2°. 这样即可证明 x_1 服从 Poisson 分布. 于是与前节的定理 37.1 相同，我们可以建立等式 (4).　　　　□

接下来让我们建立定理 38.1 的逆定理.

定理 38.3　转移概率族为 (4) 并且满足 (1), (2), (3) 的 Markov 过程存在.

证明　与前节的定理 37.3 相同，满足 (2), (3), (4) 的 Markov 过程 (F_{01}), x 存在，之后可按如下操作来构造满足 (1) 的过程. 假设 $\{t_j\}$ 是区间 $(0,1)$ 上的处处稠密的数列，由于 $x_{t_i} - x_{t_j}$ $(t_i > t_j)$ 服从 Poisson 分

布, 则 $x_{t_i} - x_{t_j}$ 以概率 1 取 0 或正整数. $t_i > t_j$ 的组 $\{t_i, t_j\}$ 可数的事实蕴涵"对于所有的 $t_i > t_j$, $x_{t_i} - x_{t_j}$ 取 0 或正整数的概率"为 1. 取

$$y_t(\omega) = \lim_{t_i \to t+0} x_{t_i}(\omega),$$

则 y 为所求的 Markov 过程, 其证明方法与前节相同, 仅需注意

"y 在区间 $(0,1)$ 内拥有跃度为 2 及 2 以上跳跃的概率为 0."

假设 y 在区间 $(0,1)$ 内拥有跃度为 2 及 2 以上跳跃的 ω 的集合为 Ω_0, 则

$$(13) \quad P(\Omega_0) \leqslant \sum P\left(y_{\frac{i}{n}} - y_{\frac{i-1}{n}} \geqslant 2\right) = n(1 - e^{-\frac{1}{n}\alpha} - \frac{\alpha}{n}e^{-\frac{1}{n}\alpha}) = O\left(\frac{1}{n}\right),$$

因此 $P(\Omega_0) = 0$. □

§39 一般 Markov 过程与平稳过程

在前两节我们介绍了特殊的 Markov 过程, 它们在研究 Markov 过程中的作用就像 Gauss 分布与 Poisson 分布等在 $\mathbb{R}$-概率测度中的作用一样.

现在, 假设 x 是从 §37 的 Markov 过程中取 $m = 0$ 与 $\sigma = 1$ 时所得到的过程, y_α 是 §38 中的 Markov 过程并且 x 与 y 相互独立, 则

$$x + y_\alpha \quad \text{(即对于任意的 } \omega, t, \text{ 其值由 } x_t(\omega) + y_{\alpha_t}(\omega)$$
$$\text{来确定的随机过程)}$$

也是时空齐次的随机过程.

另外, 对于任意的 $m, \sigma, \lambda_1, \lambda_2, \cdots,$

$$m + \sigma x + \lambda_1 y_{\alpha_1} + \lambda_2 y_{\alpha_2} + \cdots$$

也是时空齐次的随机过程, 这里 $\alpha_1 + \alpha_2 + \cdots < \infty$, 并且 $y_{\alpha_1}, y_{\alpha_2}, \cdots$, $y_{\alpha_n}, \cdots$ 相互独立.

一般地, 时空齐次的概率测度是怎样的一个量呢? 要详细论证很难, 最一般的情况已经由 P. Lévy 解决了. 这种情况下, 转移概率称为**无限可**

分概率测度，它不仅包括 Gauss 分布、Poisson 分布和 Cauchy 分布等，也在特殊情况下包括了很多重要的分布.

定义 39.1　给定 $\mathbb{R}$-概率测度 P，如果对任意正整数 n，存在 $\mathbb{R}$-概率测度 P_n，使得

(1) $P = P_n * P_n * \cdots * P_n \qquad (n \text{ 个 } P_n)$,

则称 P 为无限可分的.

注　在更一般的假设下也可以给出定义，但结果是一样的.

推论　时空齐次的 Markov 过程的转移概率是无限可分的.

证明　假设 x 为满足条件的 Markov 过程，s, t 为任意 2 个实数，并且 $0 < s < t < 1$. 在 $[s, t]$ 中插入 n 个分点：$s = s_0 < s_1 \cdots < s_n = t$，则 x 的空间齐次性蕴涵 $x_{s_i} - x_{s_{i-1}}(i = 1, 2, \cdots, n)$ 是相互独立的. x 的时间齐次性蕴涵 $x_{s_i} - x_{s_{i-1}}$ 与 i 无关，设其为 P_n，则我们有

(2) $P_{x_{s_i} - x_{s_{i-1}}} = P_n * P_n * \cdots * P_n \qquad (n \text{ 个 } P_n)$,

并且与定义的条件一致.　　　　　　　　　　　　　　　　　　　　□

其次，假设 x 是如上的 Markov 过程. 令 y 是如下定义的随机过程

$$y_t = \frac{x_t}{1+t}, \quad t \geqslant 0,$$

则 y 不是空间齐次的. 对于 $t > s$，我们有

$$
\begin{aligned}
(3)\ y_t - y_s &= \frac{x_t}{1+t} - \frac{x_s}{1+s} = \frac{x_t(1+s) - x_s(1+t)}{(1+t)(1+s)} \\
&= \frac{(x_t - x_s)(1+s) + (s-t)x_s}{(1+t)(1+s)} \\
&= \frac{s-t}{(1+t)(1+s)}x_s + \frac{1}{1+t}(x_t - x_s).
\end{aligned}
$$

注意，当 $y_s = \lambda$ 时 $x_s = (1+s)\lambda$，则在 $x_s = (1+s)\lambda$ 的假设下，由于 $\frac{1}{1+t}(x_t - x_s)$ 的概率分布是无限可分的，所以当 $y_s = \lambda$ 时 $y_t - y_s$ 的概率分布是无限可分的. 但是该分布与 λ 有关，$\lambda > 0$ 时向左漂移，$\lambda < 0$ 时向右漂移. $\left(\text{注意 } \dfrac{s-t}{(1+t)(1+s)} < 0.\right)$ 这说明 y 不是空间齐次的，它

有向原点靠拢的倾向.

现在假设 x 是 §37 的过程并且 $m = 0, \sigma = 1$, 则 $x_t - x_s$ 服从均值为 0、标准差为 $\sqrt{t-s}$ 的概率分布, 记为 $G^{*(t-s)}$(G 是均值为 0、标准差为 1 的 Gauss 分布).

(4) $x_t - x_s$ 的特征函数 $= \mathrm{e}^{-\frac{t-s}{2}z^2} = \left(\mathrm{e}^{-\frac{z^2}{2}}\right)^{t-s} = (\varphi_G(z))^{t-s}$.

如果 n 是正整数, 那么当

$$P_1 = P_2^{*n} \equiv \underbrace{P_2 * P_2 * \cdots * P_2}_{n}$$

时, P_1 的特征函数将等于 P_2 的特征函数的 n 重卷积, 因此 (4) 也可以写成

$$P_{x_t - x_s} = G^{*(t-s)}.$$

从而 (3) 可改写为

(5) $P_{(y_t - y_s)/y_s} = \dfrac{s-t}{1+t}y_s + \dfrac{1}{1+t}G^{*(t-s)}.$

这里 $\lambda + \mu P$ (P 是 $\mathbb{R}$-概率测度) 表示假设 x 为服从分布 P 的随机变量时, $\lambda + \mu x$ 服从的分布. 将 (5) 抽象化为

(6) $P_{\mathrm{d}y_s/y_s} = -\dfrac{\mathrm{d}s}{1+t}y_s + \dfrac{1}{1+t}G^{*\mathrm{d}s},$

更进一步地, 也可以写成

$$\mathrm{d}y \sim -\frac{\mathrm{d}s}{1+s}y + \frac{1}{1+s}G^{*\mathrm{d}s}.$$

另外, 假设 x 是服从分布 G 的随机变量, 那么 $G^{*\alpha}$ 是 $\sqrt{\alpha}x$ 服从的概率分布, 因此也可以写成 $G^{*\alpha} = G\sqrt{\alpha}$, 于是写成

(7) $\mathrm{d}y \sim -\dfrac{y}{1+s}\mathrm{d}s + \dfrac{1}{1+s}G\sqrt{\mathrm{d}s}$

也有抽象化的意义, 这便是 **Kolmogorov 微分方程**的一个特例. 在某一意义下, (7) 表示 $\mathrm{d}y$ 的分布是均值为 $-\dfrac{y}{1+s}\mathrm{d}s$、标准差为 $\dfrac{1}{1+s}\sqrt{\mathrm{d}s}$ 的 Gauss 分布.

同理, 当 $y_s = x_s^2$ 时 (x 是 §37 的随机过程),

$$dy \sim ds + 2x\sqrt{ds},$$

即

$$dy \sim ds + 2\sqrt{y}\sqrt{ds}.$$

一般地, 当 $y_s = \varphi(x_s)$ 时,

$$dy \sim \frac{1}{2}\varphi''(x)ds + \varphi'(x)\sqrt{ds},$$

即

$$dy \sim \frac{1}{2}\varphi''(\varphi^{-1}(y))ds + \varphi'(\varphi^{-1}(y))\sqrt{ds}.$$

这样也考虑到了相当于平稳随机序列 (§34) 的随机过程的场合. A. Khint-chine[2] 研究了遍历定理对应的内容, J. L. Doob[1] 将其成果严密化. 关于这些研究, 可以参见附录 2 的文献.

附录 1　符　　号

集合的定义

$\mathbb{R}$：全体实数的集合.

$\mathbb{R}^n$：赋以欧氏距离的 n 维向量空间.

$\varnothing$：空集.

$\{a_1, a_2, \cdots, a_n\}$：以 $a_1, a_2, \cdots, a_n$ 为元素的集合.

$E(\omega;\ C(\omega))$：满足条件 $C(\omega)$ 的 ω 的集合.

$E(f(\omega);\ C(\omega))$：满足条件 $C(\omega)$ 并对 ω 实施变换 f 后的元素集合.

$f(M)$：表示集合 $E(f(\omega);\ \omega \in M)$.

$f^{-1}(M)$：表示集合 $E(\omega;\ f(\omega) \in M)$.

$[a, b)$：表示当 a, b 为实数时以 a, b 为端点的区间，而"["表示闭，")"表示开，$[a, b], (a, b], (a, b)$ 也可以同样去理解.

$E(-)\lambda$：表示集合 $E(a - \lambda; a \in E)$，同样，$E(\times)\lambda = E(\lambda a; a \in E)$，其中 λ 是实数而 E 为实数集合 $\mathbb{R}$ 的子集.

$U(d, \varepsilon)$：点 d 的 ε-邻域，即集合 $E(d'; \rho(d, d') < \varepsilon)$，而 d 是以 ρ 为距离的距离空间中的点，ε 为正数.

集合的关系

$a \in B$：a 是 B 中的元，a 属于 B.

$A \subset B$：A 是 B 的子集，A 包含于 B.

$a \notin B$：$a \in B$ 的否定.

$A \cup B$：A 与 B 的并集，即集合 $E(\omega; \omega \in A \text{ 或 } \omega \in B)$.

$\displaystyle\bigcup_{k=1}^{n} A_k$：$A_1, A_2, \cdots, A_n$ 的并集，使得 $\omega \in A_k$ $(k = 1, 2, \cdots, n)$ 至少有一个成立的 ω 的全体.

$\bigcup\limits_{k=1}^{\infty} A_k$：$A_1, A_2, \cdots$ 的并集.

$\bigcup\limits_{\beta \in B} A_\beta$：当 β 在 B 中变化时所有集合 A_β 的并集.

$\bigcup\limits_{C(\beta)} A_\beta$：使得 $C(\beta)$ 成立的 β 对应的所有集合 A_β 的并集.

$\cup(A_\beta;\ C(\beta))$：与 $\bigcup\limits_{C(\beta)} A_\beta$ 相同.

$A \cap B$ 与 AB：A 与 B 公共部分的集合.

$A - B$：集合 $E(\omega;\ \omega \in A, \omega \notin B)$.

$A \sim B$：$(A - B) \cup (B - A)$.

其他

$\sup\limits_{x \in E} \varphi(x)$：$x$ 在 E 中变动时 $\varphi(x)$ 的上确界 (least upper bound).

$\sup\limits_{C(x)} \varphi(x)$：满足条件 $C(x)$ 的 $\varphi(x)$ 的上确界.

$\sup(\varphi(x);\ C(x))$：与 $\sup\limits_{C(x)} \varphi(x)$ 相同.

$\inf\limits_{x \in E} \varphi(x)$：$x$ 在 E 中变动时 $\varphi(x)$ 的下确界 (greatest lower bound)，与前两者相对应可以获得 inf 的记号.

$\{x_\alpha;\ a \in A\}$：与 A 中的元 a 的对应 x_a，也可以写成 $\{x_a\}$. 写成 x_n，表示第 n 项，$\{x_n\}$ 或 $\{x_n;\ n = 1, 2, \cdots\}$ 表示数列.

对于所有的 $K \in E$，对于所有的 $K(\in E)$：对于所有的属于 E 的 K.

对于所有的 $K < 0$，对于所有的 $K(< 0)$：对于所有的负数 K.

Kolmogoroff[1]：[1] 是参考文献 (附录 2) 的编号.

附录 2　参 考 文 献

末刚怒一：概率论 (岩波全书).

伏见康治：概率论与统计 (河出书房, 应用数学丛书第 8 卷)

宇野利雄：数值计算论 (岩波书店, 解析数学丛书)

北川敏男：独立随机变量的理论 (综合报告)I(日本数学物理学会志第 14 卷第 3
号, 昭和 15 年), 同 II(同上第 4 号, 昭和 15 年)

吉田耕作：遍历性定理 (综合报告)(同上第 15 卷第 1 号, 昭和 16 年)

G. D. Birkhoff[1]: Proof of the ergodic theorem, *Proc. Nat. Acad. U.S.A.* vol.
18 (1932).

J. L. Doob[1]: Stochastic processes depending on a continuous parameter, *Trans.
A. M. Soc.* **42** (1937).

J. L. Doob[2]: Stochastic processes with an integral-valued parameter, *Trans.
A. M. Soc.* **44** (1938).

A. Khintchine[1]: Asymptotische Gesetze der Wahrscheinlichkeitsrechnung,
Berlin (1933).

A. Khintchine[2]: Korrelationstheorie der stationären stochastischen Prozesse,
Math. Ann. **109** (1934).

E. Hopf[1]: Ergodentheorie (Erg. d. Math., Berlin, 1937).

A. Kolmogoroff[1]: Grundbegriffe der Wahrscheinlichkeitsrechnung (Erg. d.
Math., Berlin, 1933).

A. Kolmogoroff[2]: Über die analytischen Methoden in der Wahrscheinlichkeit-
srechnung, *Math. Ann.* **104** (1931).

P. Lévy[1]: Théorie de l'addition des variables aléatoires, Paris (1937).

R. v. Mises[1]: Wahrscheinlichkeitsrechnung (Vorlesungen aus dem Gebiet der
angewandten Mathematik, Band I), Leipzig und Wien (1931).

S. Saks[1]: Theory of the integral, Warsaw (1937).

附录 3 后记与评注

新版写作时，进行了如下修正和订正.

(i) 从 20 世纪 40 年代后期开始，数学书的日语表述法发生了很大的变化. 第一，在"片假名"和"平假名"的使用方法上，因以前同现在正相反，所以本书新版也全面改成了现在的流派. 另外，现在基本不用接续词及复合词，新版在尽量不打乱文章整体意思的基础上，或用假名，或改用当今的日语表述方法. 但是，这些改动的范围都限制在最小限度.

(ii) 新版作为术语出现的人名原则上统一用假名书写. 关于这一点，俄国数学家的名字的表述也同初版不同，新版已根据《岩波数学辞典 (第 3 版)》等参考书目以及最近的习惯用法做了变更. 例如，将 Kolmogoroff、Markoff、Liapounoff、Khintchine 等改为 Kolmogorov、Markov、Liapounov、Khinchin 等. 但是，作为文献引用时，采用作者自身在原论文中的用法. 例如，Kolmogoroff[1], Khintchine[1] 仍保留原样.

(iii) 数学术语的用法及符号与最近的习惯用法不同的部分，是参考伊藤清著《概率论》(岩波基础数学选书. 1991) 修正的. 例如，将可列无限、测度函数、概率分布、$\mathbb{R}$-概率分布、事件、收敛、几乎必然收敛、$|_k$、重叠等，分别变更为可数无限、测度、概率测度、$\mathbb{R}$-概率测度、关系、柱集合、收敛、依概率收敛、$k!$、卷积等. 也有几个与此相关且秉承相同宗旨的变更. 另外，将 Chapman 等式根据最近的习惯变更为 Chapman-Kolmogorov 等式.

(iv) 与初版的用法不同，在此空集始终用 $\varnothing$ 来表示.

(v) 除了以下所述内容，在数学方面由于误排或疏忽造成的错误之外，新版没有和初版不同的地方了.

(1) 定理 38.2 的 Poisson 小数定律，为了可以直接适用于定理 38.1
的证明，新版参考了《概率论》(如上述) 做了变更，使之比初版
的原形更为一般化. 这种变更不涉及本质变化，只是形式上的改
变，证明的方针，在实质上也与变更前的内容相同.

(2) Bienaymé 不等式如其所在之页的注脚所示，现在通常称为
Chebyshev 不等式. 如 1937 年 Lévy 的著作阐述的那样，20 世
纪 30 年代和 20 世纪 40 年代出版的一些著作，与本书一样将这
个不等式称为 Bienaymé 不等式，或 Bienaymé-Chebyshev 的不
等式.

(3) §21 中 Markov 链是广义上的，但在最近的书中，这个术语更多
是指简单的 Markov 链.

概要与背景

池田信行

与数学的其他领域相比，概率论的发展经过了一个极为缓慢的过程. 然而，在听到 20 世纪脚步声的同时，我们也看到了其变化的征兆. 在 1923 年 N. Wiener 发表的论文 [W] 之后，1933 年 A. N. Kolmogorov 的著作《概率论的基础概念》[K,2] 也出版问世，概率论的发展迎来了转机. 前者导入了 Weiner 测度，后者将概率论基础作为现代数学的一般思想进行了研究. 承接这二者，本书着眼于概率论在它们之后 10 年的发展，对旧貌换新颜的概率论基本思想进行了介绍.

以最小限度的预备知识为前提，本书在前半部分 (特别是第 1 章和第 3 章) 讨论了概率测度、随机变量序列的收敛，以及无限元的概率测度的构成等问题. 在后半部分，为了对随机过程，特别是 Markov 过程的考察做准备，本书在内容上从 Brown 运动 (Wiener 过程) 和 Poisson 过程进入到了一般的 Markov 过程.

这篇解读文章的目的在于，介绍本书的概要和特征，以及成为其背景的概率论的发展情况. 本书从初版发行到现在虽然已有 60 年，但对现在的读者来说，仍不失为一本概率论入门的好书. 这篇解读文章，对本书作为入门书的性质和地位的情况，也将略加介绍.

1. 从古代到 19 世纪末的概率论

从古希腊和古埃及的遗址中，我们找到了由动物骨头制作的，类似于骰子原型的东西. 另外，据说古印度曾存在一种所谓的"大把抓"游戏. 在这个游戏中，先用手从容器中抓一把很小的豆子，然后按照事先定下来的数一个一个地将豆子扔掉后，把最后剩下多少豆子记录下来，接下来将所有的豆子再放回到容器里，然后多次重复以上步骤，最后使用得到的数列来进行游戏.

在这个游戏中，每次结果都受到偶然性的左右，人们事先不知道将会发生怎样的情况. 但是，在重复进行了多次同样的步骤之后，游戏参与者就可以从经验中得知，预想的每个结果会以一定的比率出现. 然而，用数学语言对游戏背后隐藏的法则进行描述则需要经历很漫长的岁月. 最初在这方面获得成功的是 Pascal 和 Fermat，他们二人在 1654 年互通书信时，就以下"分配问题"进行了探讨，我们可将其视为概率论的开端.

> "能力相当的两个人 A 与 B，给每人 α 元作为本钱进行赌博，赢一次可获得 1 点，连续博弈后先取 n 点的一方最终胜利并获得 2α 元. 现在 A 获得 a 点，B 获得 b 点，由于其他原因在博弈终止的情况下，2α 元应如何分配才公平? 这里 $a, b = 0, 1, 2, \cdots, n-1$."

这个博弈在进行了数次时，A 和 B 的得分组合 (a, b) 可用二维格子 $\mathbb{Z}^2$ 的点来刻画. 由于 A 和 B 具有同等能力，所以下一步胜负的结果，即两人的得分组合为 $(a+1, b)$ 或 $(a, b+1)$ 的可能性是相同的. 因此，分配问题用现在的话来说，就是在 $\mathbb{Z}^2$ 上的随机游走 (醉步) 问题.

首先，先来考虑一下格子点的集合 $D = \{(i, j); \ i, j = 0, 1, 2, \cdots, n, (i, j) \neq (n, n)\}$ 和其边界 $\partial D = (\partial D)_1 \cup (\partial D)_2$，其中 $(\partial D)_1 = \{(n, j); \ j = 0, 1, 2, \cdots, n-1\}$，$(\partial D)_2 = \{(i, n); i = 0, 1, 2, \cdots, n-1\}$. 当从 D 中的点 (a, b) 出发的随机游走的轨迹初次到达 D 的边界 ∂D 时，其在位置 $(\partial D)_1$ 上的概率为 $h(a, b)$. 此时，分配问题的答案可以用这个 $h(a, b)$ 来表达，但是，这个 $h(a, b)$ 要满足:

$$h(a, b) = \frac{1}{2}\{h(a+1, b) + h(a, b+1)\}, \qquad (a, b) \in D \setminus \partial D,$$
$$h(a, b) = 1, \quad (a, b) \in (\partial D)_1, \qquad h(a, b) = 0, \quad (a, b) \in (\partial D)_2.$$

具有这种性质的 $h(a, b)((a, b) \in D)$ 称为随机游走的领域 D 中的调和函数. Pascal 使用关于二项系数的 Pascal 三角形对这个调和函数进行了计算.

其次, 假设 $(\partial D)_1^* = \{(i,j); \ i = n, n+1, \cdots, 2n-1, j = 0, 1, 2, \cdots,$ $n-1, i+j = 2n-1\}$. 从 D 中的点 (a,b) 出发的随机游走于时刻 $(2n - 1 - (a+b))$ 时, 在 $(\partial D)_1^*$ 中的概率记成 $p(a,b)$. Fermat 指出 $h(a,b)$ 等于 $p(a,b)$, Pascal 也得出了相同的答案.

之后, 人们的关注点开始转向对各种各样的随机游走的考察, 其中一维对称的随机游走, 即在抛硬币试验中, 试验次数增大时的状态特别引人注目.

首先, J. Bernoulli 发现, 很多人反复抛硬币时正面和反面出现次数的比率显示为接近 1/2 的弱大数定律 (Bernoulli 意义上的大数定律, 参阅本书 §22 的 (7)). 此外, 若读一下 Bernoulli 著作的俄文译本中 Kolmogorov 写的序, 就可以知道对类似概率论特征性质的调查是从这时开始的, 而且也能看到 Kolmogorov 对此的思考情况.

接下来, 在 1718 年 A. De Moivre 将正反面比率集中在 1/2 的情况, 用 Gauss 分布的密度函数进行了表达 (参阅本书 §3 的例 2 及 §24). 正是在这个时候, 在微积分学方面 Stiring 公式开始被确立. 虽然 De Moivre 的成果在某一时期被人们所忘却, 但在 1812 年出版的 P. S. Laplace 的著作《概率论——概率之解析理论》[La] 一书中又重新受到了关注, 并在后来被称为 De Moivre-Laplace 定理 (参阅本书 §24). Laplace 在他的这本著作中, 用差分方程式语言对概率论的诸多问题进行了表述, 并用母函数的方法进行了系统的讨论. 另外, Laplace 也将 Stiring 公式自身用 Γ 函数积分来表示 ([La]§33). 这是现在渐近理论中 Laplace 方法的原型.

正如 Laplace 的著作所述, 概率论在成形期是在与分析的诸问题的密切关联中发展起来的. 其后, 概率论虽然朝着不同的方向有所扩展, 但到 19 世纪末期为止, 概率论并没有迎来划时代的飞跃, 基本是停留在 Laplace 的思考范围之内的, 其影响到现在还存留在许多入门书中.

其实, 在 De Moivre 定理中使用的密度函数, 在 Laplace 的著作出版之前已经被 C. F. Gauss 使用过, 他是在从观测和测量得到的大量资料中出现的误差法则的论述中使用的.

2. 从萌芽到大飞跃

让概率论摆脱 Laplace 的束缚, 并重新孕育新萌芽的契机是测度论基础的确立, 它是在 1902 年 H. Lebesgue 的论文中完成的. 在其影响下, E. Borel 在 1909 年的论文里, 对 $[0, 1)$ 上的测度进行了思考, 从数论的观点进行了考察, 并给出了对于无数次抛硬币的强大数定律 (本书第 1 章 §3 之例及第 4 章 §22 的 (8)).

这一成果被 F. Hausdorff、G. H. Hardy、J. E. Littlewood 等人所继承, 关于渐近极限状态的评价被进一步精密化了. 进而, H. Steinhaus 在 1923 年发表的论文里, 对 Borel 的想法进行了整理, 确立了讨论无数次抛硬币试验的数学基础, 使之朝着与重复对数法则相结合的研究方向而发展. 在这些研究的基础上, A. Khinchin 在 1924 年对抛硬币情况表述了重复对数的法则 (本书 §29). 而且, 1917 年 F. P. Cantelli 还开始将 Borel 的结果扩展到抛硬币之外情况的研究.

当概率论的传统体系向新的方向不断发展的时候, Wiener 又从一种全新的方向着手, 为概率论向下一个时代发展带来了新的推动力. 在他的成果出现之前, 概率论曾经历了一段许多科学家不断努力的漫长历史.

公元前 1 世纪左右的罗马诗人和哲学家 Lucretius, 讨论了在朝阳射入的窗边所看到的、在空中乱舞的微粒子的锯齿运动, 为这种现象打上自然科学之光的是, 当时担任大英博物馆植物主任的 R. Brown. R. Brown 在 1827 年的夏天, 历时 3 个月, 对浮在水上的花粉裂开时飞散出的大量微粒子的动向进行了观察. 用肉眼去观察这种状态, 只能看到水处于浑浊的状态, 但是若用显微镜观察, 则可看到微粒子在游动, 其轨迹可以形成一个锯齿形曲线. 另外他还在观察中确认, 水中漂浮的多种多样的微粒子, 甚至包括无机物只要它们足够小, 就会做锯齿运动. 在 1828 年发表的关于 Brown 观察结果的报告, 甚至成为了当时社交界的话题, 后来随着时间的推移, 人们对此的关心才逐渐淡薄了. 但是, 到了 19 世纪后期这件事又再次开始受到人们的关注.

另外, L. Bachelier 在 1900 年运用连续时间的随机过程, 对法国国债期权价格的形成做了说明. 其随机过程可以看作是将微粒子运动理想化了的结果. 但是, 他的讨论是在对这样的随机过程默认之下展开的.

给这种微粒子运动的研究带来下一个转机的是 A. Einstein. A. Einstein 力图证明原子的确存在. 他本人虽然对 R. Brown 的工作并不精通, 但在 1905 年发表的论文中, 他运用热传导方程式将相当于 R. Brown 观察的微粒子运动的东西进行了理论上的解释, 并得出了原子存在的结论. 1906 年 M. Smoluchowski 也发表了相关成果.

紧接着, J. Perrin 反复进行了精密实验, 确认了 Einstein 的主张, 也从实验的角度确认了原子的存在. J. Perrin 的一系列研究成果发表在 1913 年出版的著作《原子》[P] 中, 这使其在专业人员以外也广为人知了. 书中公布了每 30 秒对半径为 0.53 μm (1μm = 10^{-6}m) 的乳香粒子的观察结果的照片, 这在说明 Brown 运动时被屡屡使用, 进而在这本著作中, J. Perrin 以实验结果为基础指出了如下的概括性内容.

"可以看到运动轨迹呈锯齿状折线, 这是因为是在分散的时间点观测到的, 所以如果将观察时间进行细分就也可以看到与整体同样的情况. 进而对此再进行细分, 即使接近极限, 折线的斜率和方向也没有极限. 用数学语言讲, 可认为轨迹最终是在哪个点上都不具备接线的函数, 另外, 在不同时间区间里的微粒子的运动也是相互独立的."

以自然科学的发展为背景, 将锯齿运动放在现代数学中去思考的做法, 出现于 1923 年发表的 Wiener 的论文. 据其自传所述, Wiener 深受 J. Perrin 见解的影响, 力图把 Brown 粒子运动的理想化情况在数学范围内进行构成. 为此, 他仿效统计力学中 W. Gibbs 的想法, 考虑将统计概念导入到粒子运动轨迹的群体中.

实际上, 在 1923 年发表的论文里, 他对连续函数空间 W 进行了思考, 这被称为 Wiener 测度, 并在对无穷维的 Gauss 测度 P^W 的定义上取得了成功 (参阅本书第 6 章定理 37.3). 在各个时间区间上, 增量是均值为 0, 方差由其时间区间的长度给定的 Gauss 分布, 进而在不同时间区间的增量成为相互独立的测度. 对偶 (W, P^W) 常被称为 Wiener 空间. 进而他又证明了存在集合 N, 使得 $P^W(N) = 0$, 并且不属于 N 的 W 中的任意元素在各点不可微.

根据 Wiener 的研究成果, 上面谈到的 Perrin 指出的微粒子运动性质, 在数学领域里成为了具有牢固基础的事实. 另外, Wiener 的研究成果, 也使得 Bachelier 对国债期权价格形成的讨论的前提, 获得了现代数学范畴下的保障.

自此以来, 有限维 Gauss 分布在概率论中占有的特殊地位被 Wiener 测度所取代, 概率论研究的大方向开始移向有连续时间的概率过程. 这样一来, 概率论的研究中心也从欧洲转移到遥远的美国, 29 岁的年轻数学家 Wiener 拉开了下一个舞台的帷幕.

3. 与 Kolmogorov 公理系的关系

在迄今论述的 20 世纪以后的动荡研究中, 在年轻时就投身之中的 Kolmogorov 将当时从相关数学家中了解的事情进行了严密化, 并试图确定概率论的公理化体系. 他在 1929 年发表的短篇论文中迈出了第一步, 并在 4 年后的 1933 年出版的著作中实现了目标.

首先, 在 1929 年的论文里, 他从尽可能地将 Lebsgue 的测度论放在抽象的范围内开始, 接着定义了平均的概念, 并朝着事件及随机变量的独立性概念迈进.

1933 年的著作中也包括这些课题, 此外, 为了概率论的进一步发展, Kolmogorov 还把必要的概念和事实进行简洁概括, 并写成这本小册子 (日语译本约 100 页). 事实上, 这本小册子是从概率测度定义开始, 包含了事件、随机变量、随机变量序列的种种收敛等的定义.

此外, Kolmogorov 还对届时尚未从一般测度论角度进行研究的、其他概率论学者也没有提出的话题进行了论述. 例如, 1933 年著作中第 3 章的话题, 现在被叫作 Kolmogorov 扩张定理, 属于无限维空间概率测度的构成部分. 这一成果作为概率过程理论的出发点, 是不可或缺的. 接下来在第 4 章里, 又对期望值 (均值) 和广为人知的 Chebyshev 不等式 (Bienaymé 不等式) 进行了讨论. 在第 4 章的 §5 里, 还讨论了包括参数的随机变量的均值和参数的微分顺序交换的相关问题. 作为成功运用以上成果的例子, 可列举出 Kolmogorov 在 1933 年与 A. M. Leontovich 共同撰写的论文.

接下来, Kolmogorov 在 1933 年的著作的第 5 章里, 介绍了在 1930 年被 O. Nikodym 一般化了的 Radon-Nikodym 定理, 并以此为基础, 以一般的形式导入了在简单情况下早已应用的条件概率和条件均值等概念. 这些概念成为考察从 1930 年到现在逐渐成为概率论中心话题的 Markov 过程和鞅理论的不可缺少的基础知识.

另外, Kolmogorov 在该著作中虽然没有直接触及 Wiener 测度问题, 但如上所述, 在与 Leontovich 合著的论文里, 他对直接反映 Brown 运动轨迹动向的性质进行了论述. 实际上, 他也对当单位圆盘的中心沿着二维 Brown 运动轨迹进行运动时, 到时刻 t 为止, 由圆盘占有的图形面积基于 Wiener 测度 P^W 的均值问题进行了考察.

如本节开始谈到的那样, 这本《伊藤清概率论》的首要目的, 就是尽量做到让读者在有最小限度的预备知识的情况下, 或在无须参考其他书和论文的情况下也能读懂. Kolmogorov 在 1933 年的著作里, 介绍了已经确立的基础事项, 展示了概率论的新姿态. 其实, 本书的第 1 章、第 3 章以及第 2 章和第 4 章的一部分就是为这一目的而写的.

4. 不断变化的概率论

本书的后半部分, 在 20 世纪 20 年代概率论研究成果和 Kolmogorov 著作中的思考方式的启发下, 为了让读者学习从 20 世纪 30 年代到 20 世纪 40 年代初取得的成果做了必要准备, 并根据 Kolmogorov 提倡的范围进行了论述. 在此基础上, 对当时成果中的几个基础性的事实进行了介绍. 关于这一点我们简单地整理一下.

Kolmogorov 在 1931 年发表的论文 [K,1] 中, 在整理概率论公理化体系的同时, 对运动轨迹现在的位置给定时, 决定将来状态的概率分布与轨道过去动向无关的模型进行了考察. 为了明确 Markov 过程这一模型的特征, 他仿照 1928 年 S. Chapman 的论文, 运用了被称为转移概率的概率测度系统 (参考本书第 6 章 §36).

最典型的 Markov 过程是 Brown 运动, 其转移概率是热传导方程的基本解, 即是用 Gauss 核给出的. 将此事一般化后, 在与极限理论下广泛应用的条件类似的条件下, 轨道连续的 Markov 过程 (包括退化的情况) 对基于二阶椭圆型偏微分算子的发展方程的基本解显示特征一事, 在 1931 年 Kolmogorov 的论文中已有表达. 由此可知, 这种情况下的 Markov 过程的研究, 不仅与偏微分方程有着密切关系, 而且通过其微分算子带来的 Reimann 计量和向量场, 也会与微分几何学发生关联.

Wiener 当时不仅广泛研究数学领域中的课题, 还研究了 Brown 运动. 例如对一般化了的调和分析的研究也是在这一时期, 而且在 20 世纪 30 年代末, 他也对关于 Weiner 测度 P^W 对二次可积函数的正交展开问题进行了研究.

另外, 他在 1934 年与 R. E. A. C. Paley 合著的一书 [PW] 中的最后一章, 可以说, 用随机系数的 Fourier 展开构造了 Brown 运动. 他们讨论的出发点, 分布于本书第 1 章 §3 中举出的例子之中.

1872 年, K. T. W. Weierstrass 运用三角函数的无限和, 构造了在各点处处不可微的连续函数. Wiener 等人的成果表明, 经过 60 年的岁月,与 Weierstrass 方法类似的想法, 是偶然变动的运动分析的不可欠缺之物.

　　另外, 很早以前就对概率论感兴趣的 P. Lévy 也在这一时期持续进行了潜心研究. 这些成果汇集在他 1937 年出版的著作 [Le] 中, 对后来概率论研究产生了很大影响. 一般来说, 概率连续的 Markov 过程在时间上和空间上均一致, 轨道为右连续具有左极限的情况称为 Lévy 过程.

　　他在该书中揭示了, 若将 Lévy 过程的轨迹分解为连续部分和跳跃部分, 它们之间就是相互独立的, 进而还确立了由与跳跃相关联的基本量形成的跳跃部分的刻画. 另外, 他又用这些结果, 导出了以当时极限理论而为人所知的无限可分概率测度的 Fourier 变换表示.

　　当时研究的发展是多种多样的, 比如 Khintchine 在 1933 年的著作里还以偏微分方程的观点对极限定理进行了考察. 另外, Kolmogorov 那时还与 I. G. Petrovsky 和 N. S. Piskunov 一起, 对与生物问题有关的半线性扩散方程的行波进行了考察. 其研究成果不仅与分析广泛领域的现代课题有联系, 与概率论也是密切相关的.

　　此外, E. Hopf 在 1937 年的著作 *Ergodentheorie* 中, 讨论了与遍历性相关的多种话题, 在该书最后一章里讨论了具有负曲率的曲面上的测地线的遍历性. 其后研究者也从各种角度考察了测地线, 它作为称作混沌话题的典型例子经常出现, 成为研究撞球问题的出发点.

　　另外, 在 20 世纪 30 年代末, J. Doob 在论及随机过程时, 确立了解决种种难以避免的困难的基础, 进一步, W. Feller 还在探讨 Kolmogorov 在 1931 年论文中提出的 Markov 过程的转移概率的构成问题方面做出了努力.

　　时至 20 世纪 40 年代, 这些概率论的新流向变得更为广大. 例如, 此时的 Wiener 和 Kolmogorov 分别开始了流 (filtering) 和补间问题的新方向的研究. Lévy 在 1940 年发表的论文, 对 20 世纪后期概率论的研究产生了很大影响, 他在由基于 A. Haar 小波展开的 Brown 运动的结构和导入了二维 Brown 运动的轨道围成的面积等概念方面取得了成功. 在此基础上，他还广泛展开了关于 Brown 运动轨道种种特征的、富有个性的研究.

这一时期的另一特征是，出现了青年数学家们的在概率论研究方面的崭新成果. 在这一系列的研究中，最早出现的成果便是伊藤清于 1942 年发表的题为 "On Stochastic Processes (I)" 的论文 [I,1] 以及题为《确定 Markov 过程的微分方程》的论文 [I,2].

这两篇论文的目标是，根据 Lévy 在 1937 年的著作中运用的想法，用轨迹语言来实现 Kolmogorov 在 1931 年的论文中提出的 Markov 过程的结构. 作为第一阶段，伊藤清在最初的论文 [I,1] 里，依据现代数学的样式重新构成了 Lévy 用其独特的方法揭示的 Lévy 过程的刻画. 这一刻画现在通常称为 Lévy-Itô 公式.

进而，在 1946 年伊藤清发表的题为 "On a Stochastic Integral Equation" 的论文 [I,3] 中，接着 1942 年最初发表的论文对题为 "On Stochastic Processes (II)" 论文的思想进行了说明. 粗略地讲，这篇论文讨论了轨迹在各个时间点相互独立的 Lévy 过程具有接线的 Markov 过程的构成.

然而，从那时的社会状况来看，这样题目的论文在当时还不能发表. 将这种种构想写成现代数学体系下的论文，去考察轨道连续的情况，而且发表形式是准正式文章的就只有上面谈到的伊藤清的论文 [I,2]，其中引入了随机积分和随机积分方程等概念，并以这些成果为基础，构成了从 Brown 运动出发的 Markov 过程的连续轨道的结构.

另外，伊藤清将当初思考的整体构想以论文形式发表是 20 世纪 50 年代以后的事情. 这样，从 Wiener 开始的随机分析的第二幕，在与当时概率论研究中的交流几乎处于停滞状态的日本拉开了.

伊藤清发表 [I,1] 和 [I,2] 两篇论文之后，又以图书的形式充分讲解了 Kolmogorov 和 Lévy 的研究成果的影响，这本书就是 1944 年出版的本书. 伊藤清那时年仅 29 岁. 本书与 Kolmogorov 1933 年的著作的重复部分已经做了论述，其余部分则是对 Kolmogorov 的著作出版前后约二十年间的成果的依次介绍.

本书的第 2 章详细论述了实值随机变量与 $\mathbb{R}^1$ 上的概率测度. 首先,在 §12, §13, §14 里,将 1937 年 Lévy 著作中论及的 Lévy 距离 ρ 引入到 $\mathbb{R}^1$ 上的概率测度的空间 $\mathfrak{M}$,把概率测度收敛作为距离空间 $(\mathfrak{M}, \rho)$ 中的收敛来看待. 像这样,将距离导入某一空间上的概率测度全体来形成的空间的想法,自 20 世纪 50 年代 Yu. Prohorov 将之在完全可分距离空间中一般化以来,其有用性得到了广泛认可,并得到了充分运用. 例如,在遇到前面谈到的改善基于 Fourier 展开的 Brown 运动的刻画,并使之变为一般化的情况时,这一想法就可以得到有效应用.

本书的 §16 和 §17 讨论了概率测度的特征函数即 Fourier 变换问题,在此引入了以特征函数给出的概率测度的收敛,以及概率测度的卷积与特征函数的联系,等等,介绍了当时广为人知的研究成果.

本书的第 4 章,谈到了以大数定律为核心的所谓的极限定理. §22 和 §23 论述的是关于大数定律的一般想法和弱大数定律的内容. §24 围绕中心极限定理的话题,根据第 2 章的结果介绍了运用特征函数的标准证明. 众所周知,De Moivre-Laplace 定理就是这一定理的特殊情况.

Kolmogorov 1933 年的著作只谈到了强大数定律的结果,而本书在 §25 中还论述了对该定律的证明,这个证明是根据 Kolmogorov 的想法演化来的,Kolmogorov 不等式在此发挥了基础性作用. 这个不等式的基础思考原形,虽然可在 Kolmogorov 于 22 岁时发表的论文中见到,但这个不等式现在为人所知的形式及其证明,是在 Kolmogorov 于 1928 年写的论文中首次论及的.

在那之后,这个不等式被从不同的方面进行了一般化,也被运用在对许多课题的考察中. 例如,在前面谈到的伊藤清的论文 [1,2] 中,为了揭示随机积分给定的不定积分拥有连续轨迹时,就使用过该不等式. 最典型的强大数定律的例子,是 Borel 在 1909 年建立的结果. 另外,在本书的 §26 和 §27 论述了 R.V. Mises 的无规则性的性质. 如上所述,根据强大数定律, 对于以表示投硬币的 0 和 1 为要素的序列 $\{x_1, x_2, \cdots, x_n\}$, $(x_1 + x_2 + \cdots + x_n)/n$ 收敛于 $1/2$. 对于这种情况, 可以认为此序列中 1 和 0 的出现没有规则性, 是偶然的.

为了更详细地获得这个序列的特征, Mises 导入了称为拓扑选出子序列的选择方法, 用这个方法得出的子列的相对频率与全体相同的数列叫作无规则性. 在 §27 的定理 27.1 中谈到的极限定理就与这个无规则性是相关联的.

以上讨论用现在的话说, 就是使用了鞅变换的典型例子. 而且, 对这个极限定理的证明, 也与强大数定律的情况相同 (一般化的), Kolmogorov 不等式在其中发挥着基础性作用 (定理 27.2).

在概率论的入门书中, 虽然谈到无规则性的机会并不是很多, 但一般来说, 鞅变换的概念却会在随机变量序列的考察中被屡屡使用.

本书第 5 章最初讨论条件概率分布的严密定义, 这些都是以上述 Doob 的结果为基础展开的. 接着, 这一章又证明了存在与转移概率系对应的离散时间的简单 Markov 过程.

另外, 对于第 6 章讨论的问题, 条件概率分布也是不可或缺的.

本书的下一个话题是关于遍历性的. 对于最初不相互独立的随机变量序列, 相当于强大数定律的情况是用取有限个值的简单 Markov 过程来说明的. 接下来, 本书介绍了 Birkhoff 的个别遍历性定理, 关于除此以外的遍历性的问题, 本书只是归纳整理、引用了一些文献. 在本书原著出版时, 除了本书论及的课题以外, 当时的日本数学界对 Gauss 过程的遍历性等的研究已经开始, 与概率论各种话题的联系也开始为人所知.

在第 6 章里可以看到本书最显著的特征. 这一章的主题是连续时间随机过程, 其内容大致可以分为以下几个部分:

(i) 随机过程的定义;

(ii) Markov 过程的定义及其基于转移概率的构造;

(iii) (a) 具有连续轨道且时空齐次的 Markov 过程的特征 (定理 37.1,

本质上此为 Brown 运动); (b) 基于 Gauss 核的 Brown 运动 (Wiener 测度) 的构造;

(iv) Poisson 过程的特征与基于 Poisson 分布族的构造 (定理 38.1, 定理 38.3).

这里, (iii) 的 (a) 和 (iv) 是前面谈到的 Lévy-Itô 分解的出发点. 如证明的那样, 在 (iii) 的 (a) 中隐藏着一个中心极限定理, 它与由 Brown 粒子运动特征导入热传导方程的 Einstein 的想法密切相关. 另外, 从证明可知, (iv) 也与 Poisson 小数定律有联系.

本书的最后一节, 参考了 Lévy 在 1937 年发表的著作, 以及伊藤清在本书发行前发表的论文 [I,1] 和 [I,2] 的成果, 从上面的 (iii) 和 (iv) 论述的事实出发, 介绍了 Lévy-Itô 分解、Itô 公式和随机微分方程, 进而还论述了一般的 Markov 过程构造. 但是, 在这部分内容中, 特别是在最后两页, 作者一改此前的风格, 采取了大胆的说明方式.

然而, 若只注意想法本身, 则本文中简洁明快的介绍将对了解随机分析领域开端的情况大有帮助. 例如, 在本书的最后几行里, 假设函数 ψ 在 $\mathbb{R}^1$ 上光滑, 并把 (W, P^W) 作为一元 Wiener 空间, 则 $y(t) = \psi(w(t))$, 且对于 $w \in W$, 关系式

(1) $\mathrm{d}y(t) \sim \psi_x(w(t))\sqrt{\mathrm{d}t} + \dfrac{1}{2}\psi_{xx}(w(t))\mathrm{d}t,$

$$\psi_x(x) = \frac{\mathrm{d}}{\mathrm{d}x}\psi(x), \quad \psi_{xx}(x) = \frac{\mathrm{d}^2}{\mathrm{d}x^2}\psi(x)$$

成立, 进而若 ψ 是单调的, 就可以写成

(2) $\mathrm{d}y(t) \sim \psi_x(\psi^{-1}(y(t)))\sqrt{\mathrm{d}t} + \dfrac{1}{2}\psi_{xx}(\psi^{-1}(y(t)))\mathrm{d}t.$

这里符号 $\sim$ 的含意在本节开始的部分已经做了说明. 若用伊藤清的论文 [I,2] 中的符号, 则可将 (1) 和 (2) 分别如下表示:

(3) $\psi(w(t)) - \psi(w(0)) = \displaystyle\int_0^t \psi_x(w(s))\mathrm{d}w(s) + \frac{1}{2}\int_0^t \psi_{xx}(w(s))\mathrm{d}s, \ t \geqslant 0;$

(4) $y(t) - y(0) = \displaystyle\int_0^t a(y(s))\mathrm{d}w(s) + \frac{1}{2}\int_0^t b(y(s))\mathrm{d}s, \ t \geqslant 0.$

但是，(3) 和 (4) 右边第一项的积分是在伊藤清的论文 [1,2] 中导入的关于 Brown 运动的随机积分，因此

(5) $a(\psi(x)) = \psi_x(x), \quad b(\psi(x)) = \psi_{xx}(x).$

现在，根据 (1) 与 (2)，(3) 与 (4) 的内容多用下面与之相类似的符号来表述：

(6) $\mathrm{d}\psi(w(t)) = \psi_x(w(t))\mathrm{d}w(t) + \dfrac{1}{2}\psi_{xx}(w(t))\mathrm{d}t,\ t \geqslant 0;$

(7) $\mathrm{d}y(t) = a(y(t))\mathrm{d}w(t) + \dfrac{1}{2}b(y(t))\mathrm{d}t,\ t \geqslant 0.$

这里的 (3) 是伊藤清的论文 [1,2] 中的第 7 节的例 3，其证明也在论文中被论述. 它是在广泛领域里被充分运用的 "Itô 公式" 的雏形. 因而，(1) 可以看作是 Itô 公式的其他写法.

相反，当考虑带有一般的光滑函数 $a(y), b(y)$ 系数的 (7) 时，可以将其看作是关于 $y(t)$ 的方程. 这是人们常说的随机微分方程的简单情况. 上面谈到，对于 a, b，如果存在满足 (5) 的单调函数 ψ，那么就揭示了用坐标变换来求随机微分方程 (7) 的解的情况.

进而，如果考虑二元光滑函数 $\psi(x, t)$，则可用与证明 (3) 的同样的方法得到：

(8) $\psi(w(t), t) - \psi(w(0), 0) = \displaystyle\int_0^t \psi_x(w(s), s)\mathrm{d}w(s)$

$$+ \int_0^t \left(\frac{1}{2}\psi_{xx}(w(s), s) + \psi_s(w(s), s) \right)\mathrm{d}s,\ t \geqslant 0.$$

这里

$$\psi_x(x, t) = \frac{\partial}{\partial x}\psi(x, t), \psi_{xx}(x, t) = \frac{\partial^2}{\partial x^2}\psi(x, t), \psi_t(x, t) = \frac{\partial}{\partial t}\psi(x, t).$$

顺便说一下，如果以与介绍 §38 之前的内容相同的节奏介绍这一节的内容，则可能需要比第 6 章整体还要多的页数.

5. 作为入门书的地位

如上所述，本书在其出版的那个年代，与其说是一本入门书，不如说

是一本极为接近于专业书的著作. 那时, 概率论正处于继 20 世纪 30 年代以来的飞速变化时期, 例如日本开创了在位势论研究方面运用 Brown 运动的先河. 虽然在美国数学家 Wiener 的周围, 已经断绝了与日本的信息交换, 但 R. H. Cameron 和 M. Martin 共同撰写的一系列论文, 开始了对连续函数空间中的变量变换, 以 Wiener 测度为基准的 Jacobi 行列式进行计算. 另外, 与 M. Martin 等人有交流的 M. Kac, 在得知 R. P. Feynman 的路径积分的情况后开始了相关研究, 这成为了后来称为 Feynman-Kac 方法的契机. 本书不仅记载了 20 世纪 30 年代的成果, 还包含了许多在出版前后取得的、作为学习这些成果的基础的知识.

综上所述, 可知本书对从测度论基础到现代概率论的基本内容进行了系统地论述, 进而还为触及当时最前沿的内容铺平了道路. 在那时的日本, 本书是独一无二的. 不仅如此, 据我所知, 在国际上也没有能在内容上与本书匹敌的著作.

不过, 到了 20 世纪 50 年代前后, 这种情况发生了很大变化. 首先, 在 1948 年涉及随机过程的 Lévy 的著作得以出版, 紧接着在 1950 年, Feller 出版了著作《概率论及其应用》[F]①. 更进一步, 在 1953 年, Doob 的著作 *Stochastic Processes* 和作为岩波现代数学系列之一的伊藤清的著作《概率论》也得以出版. Lévy 在 1948 年出版的著作广泛论及了以 Brown 运动和 Lévy 过程等为主的随机过程, 是一本对后来的概率论研究影响很大的书. 1953 年的 Doob 和伊藤清的著作都是对涉及现代概率论整体的课题, 从基础到最前沿, 根据现代数学的形式进行系统论述的最早的专业书.

与此不同, Feller 运用以随机游走为中心的离散题材, 以宽松的形式写了一本很厚的入门书. 例如, 他在第 14 章里对与对称的随机游走的循环和暂留相关的 1921 年 G. Polya 的研究成果进行了详细地论述, 而与这一成果相对应的 Brown 运动的性质在运用 Brown 运动研究位势论方面起到了基础性的作用. 另外, 离散的调和函数, 在 Pascal 或 Fermat 的

----

① 本书中文版已由人民邮电出版社出版. —— 编者注

论述中都得到了实质性的运用, 而 Feller 在其著作中, 运用了差分方程在各种场合对其进行了详尽论述. 正如现在人们所熟知的那样, 这些内容发挥了与 Brown 运动时的调和函数相类似的作用.

像这样通过考察离散情况来推导一般结果的方法, 在概率论中经常被使用. 另外, 在入门书中, 由于需要提前掌握的基础知识不必太多, 所以入门书对基础知识的介绍多会停留在对离散情况的论述. 然而在另一方面, 事物的本质在像 Brown 运动那样的连续情况下, 经常会被更加鲜明地表现出来. 所以, 第一次学习概率论的人, 若想主要通过阅读研究离散情况的入门书来获得理解现代课题的必要知识, 其实并不是一件很容易的事情. 特别是在使用与 Feller 的著作不同的、用题材不丰富的入门书来学习时会更困难.

此外, 近年来, 对于主要对应用问题感兴趣的人或研究概率论以外的数学领域的人来说, 在如下例所示的 Brown 运动或 Markov 过程等情况中, 会经常遇到随机过程的内容. 而且, 在很多情况下, 这些都是如 Brown 运动一样, 是基础随机过程, 在某种意义上表达的是作为极限得到的理想状态. 在这种情况下, 论述不要涉及过广, 而应将范围限定在与这些问题直接相关的论述上, 从概率自身学起会比较容易理解, 也易于达到预期的目的.

例如, 在数学的许多领域里, 对二重以上的紧 Riemann 曲面 M 上的考察发挥了重要作用, 这是广为人知的事实. 而且在考察时, 会经常运用 M 上的 Laplace-Beltrami 算子. 但是, 在从概率论的角度来考察与这个算子相关联的性质时, 若是将 Kelvin 镜像原理考虑进去, 那么对应于 Poincaré 上半平面 H^2 上的 Laplace-Beltrami 算子的 Markov 过程 $x(t)$ 就可以成为论述的基础.

现在, 适当确定 H^2 坐标, 则这个 Markov 过程 $X(t) = (X^1(t), X^2(t))$, 是在二维 Wiener 空间 $(W, P^W)(= 1$ 维 Wiener 空间的直积) 上考虑的随机微分方程

(9) $\mathrm{d}X^1(t) = X^2(t)\mathrm{d}w^1(t), \quad \mathrm{d}X^2(t) = X^2(t)\mathrm{d}w^2(t),$

$(X^1(0), X^2(0)) = (x^1, x^2) \in H^2, \quad w = (w^1, w^2) \in W,$

的解：

(10) $X^1(t) = x^1 + x^2 \displaystyle\int_0^t \mathrm{e}^{w^2(s)-s/2}\mathrm{d}w^1(s),$

$X^2(t) = x^2\mathrm{e}^{w^2(t)-t/2}, \ x^1 \in \mathbb{R}, x^2 > 0.$

另外，与第 2 个分量密切相关的 Markov 过程，在数理金融理论中也有所体现. 在金融理论中运用概率论模型论述，如前所述，可以追溯到 Bachelier. 作为模型，他使用了 Brown 运动的情况，并且 F. Black 和 M. Scholes 为了表达债权价格 $p(t)$ 和股票价格 $S(t)$ 的变动，在一维 Wiener 空间 (W, P^W) 上，使用了以形式

$$\rho(t) = \mathrm{e}^{rt}, \qquad S(t) = S(0)\mathrm{e}^{\sigma w(t)+\mu t} \quad (r, \sigma \text{是正常数}, \mu \text{是常数})$$

表示的 Markov 过程 $(p(t), S(t))$. 一般来说，第 2 个分量的随机过程 $S(t)$ 称为具有飘移的几何 Brown 运动. 该 $S(t)$ 是以下随机微分方程的解：

$$\mathrm{d}S(t) = \sigma S(t)\mathrm{d}w(t) + \kappa S(t)\mathrm{d}t, \qquad \kappa \equiv \frac{\sigma^2}{2} + \mu.$$

这种情况用伊藤清的公式 (8) 可以很容易地表达出来. 特别地，(10) 的第 2 式还可以从 (9) 推导出来. 从这种情况和符号含义来看，根据 (9) 的第 1 式，就能理解 (10) 的第 2 式了. 在这些情况中出现的随机微分方程或随机积分，都是极为简单的形式，也出现在本书最后一节中严密归纳的内容中.

另外，在数理金融理论的讨论中，注意上面谈到的关系，根据情况，一般不会单独来考虑 $S(t)$，而是将其作为 H^2 上的 Markov 过程 $X(t) = (X^1(t), X^2(t))$ 的第 2 个分量来考虑，这在数学上更容易理解，而且也很方便.

下面转变一下话题，在一维 Wiener 空间 (W, P^W) 上，对于正数 a，取

$$I(x, t) = \int_W \exp\left\{-\frac{a^2}{2}\int_0^x (w(y))^2\mathrm{d}y\right.$$

$$-\frac{a}{2}\tanh(a^3t)(w(x))^2\Big\}P^W\mathrm{d}\omega,$$

则我们有

$$I(x,t) = \left(\cosh(a^3t)\right)^{\frac{1}{2}}\left(\cosh(ax+a^3t)\right)^{-\frac{1}{2}}, \quad x \geqslant 0.$$

此结果的证明与随机积分有关, 与前例的讨论使用同等程度范围内的内容, 只要使用 Cameron 与 Martin 在 20 世纪 40 年代论及的 W 上的变量变换的一系列研究中, 最简单、最典型的线性变换的基础知识就足够了. 总之, 对于现在而言所必要的内容, 都是在 20 世纪 40 年代前半段获得的成果. 如再加上关于鞅论的初步知识, 情况就会更好.

现在, 取

$$v(x) = -2\frac{\partial}{\partial x}\ln I(x,0), \quad u(x) = -4\frac{\partial^2}{\partial x^2}\ln I(x,t),$$

则由直接计算可得, $v(x)$ 满足 Riccati 方程

$$\frac{\partial}{\partial x}v(x) + (v(x))^2 - a^2 = 0,$$

而 $u(x,t)$ 是 KdV 方程

$$\frac{\partial u}{\partial t} = \frac{3}{2}\frac{\partial u}{\partial x} + \frac{1}{4}\frac{\partial^3 u}{\partial x^3}$$

的 1-孤子解. 这些是各种线性滤波 (filtering) 和在与孤立子相关的内容中出现的最简单的例子.

如例所示, 即使是在数学和应用的现代课题中, 如果将内容限于简单的情况加以思考的话, 那么很多结果在初期就可以发现. 关于概率积分或概率微分方程, 十分幸运的是, 在了解它们时没有必要去看真正的专业书, 或直接回去读这些理论出现的 20 世纪 40 年代的论文原文, 只需在读完本书后, 再去读一下例如 1969 年出版的 H. P. McKean 的著作就足够了. 这大概就是本书作为初学概率论入门书, 始终受人欢迎的理由之一吧.

　　根据本书, 为了从整体上理解概率论的基本事实 (不仅包括结论也包括证明), 则至少要求比较熟悉微积分的内容, 并要求习惯于一步一步地推进讨论的方法.

　　但是, 对于不具备这样的背景知识和习惯的人来说, 最初的关注点不应是内容的细节, 若是以主要脉络为中心读下去的话, 就可以找到作者为他们准备的另外一条道路.

　　例如, 根据本书, 若懂得在弱大数定律方面的 Chebyshev 不等式, 在强大数定律方面的 Kolmogorov 不等式中发挥着基本作用的话, 那么将这些定律在结论与形式上相对比, 就会更加鲜明地看出两者的区别.

　　另外, 在本书定理 37.1 的证明中, 如果理解中心极限定理所发挥的作用, 就可以具体描述运用 Brown 运动的考察与随机游走的相关内容的关系.

　　这样, 若将重点放在对本书主要脉络的理解上来阅读, 虽然需要不懈的努力, 但作为了解概率论基础的第一步会起到很大作用. 在掌握了本书论述的轮廓之后, 再根据对想要了解的课题的细节进行研究, 就可以获得新的展望.

参 考 文 献

[F]　W. Feller, *An Introduction to Probability Theory and its Applications*, Wiley, 1950.

[I,1]　K. Itô, On Stochastic Processes (I), *Japan. J. Math.*, **18** (1942), 261-301.

[I,2]　伊藤清, 全国纸上数学谈话会 (日语版), 1077 卷 (1942)(Kiyosi Itô, Selected Papers 中包含这篇论文的英译).

[I,3]　K. Itô, On a Stochastic Integral Equation. *Proc. Japan. Acad.*, **22** (1946), 32-35.

[K,1]　A. Kolmogoroff, Über die analytischen Methoden in der Wahrscheinlichkeitsrechnung, *Math. Ann.*, **104** (1931), 415-458.

[K,2]　A. Kolmogoroff, *Grundbegriffe der Wahrscheinlichkeitsrechnung*, Erg. d. Math., 1933.

[La]　P. S. Laplace, *Théorie Analytique des Probabilités*, 1982.

[Le]　P. Lévy, *Théorie de l'addittion des variables aléatoires*, Paris, 1937.

[P]　J. Perrin, *Le atomes*, Librairie Felix Alcan, 1913. (英译版: *Atoms*, Trans. by D. Li Hammick, Ox Bow Press)

[PW]　R. E. A. C. Paley and N. Wiener, Fourier transfroms in the complex domain, *Amer. Math. Soc. Coll. Publ.*, 1934.

[W]　N. Wiener, Differential spaces, *J. Math. Phy.*, **2** (1923), 131-174.

索　引

其他